高等职业院校课程改革项目优秀教学成果
面向"十三五"高职高专教育精品规划教材

景观快题设计与表现

主　编　魏　丽　凡　鸿
副主编　吴　丹　黄　欣　高广亚
参　编　程晓微　易晓芬

北京理工大学出版社
BEIJING INSTITUTE OF TECHNOLOGY PRESS

内 容 提 要

本书包括6章内容：景观快题设计概述；景观快题线条与着色；景观单体快题表现；景观快题设计过程；景观快题设计平面、立面、剖面图；景观整体方案设计。本书内容丰富、层次分明、图文并茂、直观生动，选取大量完整的实际案例，不仅使学生学到景观快题的理论知识，还可以强化学生的动手能力及综合创作能力。

本书可作为高职高专院校景观设计、环境艺术设计、园林设计等专业的教材，也可作为相关从业人员的参考书。

图书在版编目(CIP)数据

景观快题设计与表现/魏丽，凡鸿主编.—北京：北京理工大学出版社，2017.2（2017.3重印）
ISBN 978-7-5682-3244-9

Ⅰ.①景…　Ⅱ.①魏…　②凡…　Ⅲ.①景观设计　Ⅳ.①TU986.2

中国版本图书馆CIP数据核字(2016)第250448号

出版发行 / 北京理工大学出版社有限责任公司
社　　　址 / 北京市海淀区中关村南大街5号
邮　　　编 / 100081
电　　　话 / （010）68914775（总编室）
　　　　　　（010）82562903（教材售后服务热线）
　　　　　　（010）68948351（其他图书服务热线）
网　　　址 / http://www.bitpress.com.cn
经　　　销 / 全国各地新华书店
印　　　刷 / 北京久佳印刷有限责任公司
开　　　本 / 889毫米×1194毫米　1/16
印　　　张 / 8
字　　　数 / 234千字
版　　　次 / 2017年2月第1版　　2017年3月第2次印刷
定　　　价 / 48.00元

责任编辑 / 孟雯雯
文案编辑 / 刘　派
责任校对 / 周瑞红
责任印制 / 边心超

图书出现印装质量问题，请拨打售后服务热线，本社负责调换

前言

景观是美学、建筑、艺术的综合体。景观快题设计是针对某特定的活动区域，进行景观设计与规划的一种表现形式。环境景观快题设计是在确定一个设计理念的基础上，构思设计一个具体的而非抽象的空间布局，同时将景观空间形态、功能分区、景观小品、景观用地布局、景观道路、园林植物等融合起来表现的设计。它是一个以景观空间布局为主，包含理性和感性思考的综合构思与表达过程。在建筑学考研或者注册建筑师考试时，一些设计院在面试时甚至会采取快题设计考试，包括设计构思、流程、草图到最后的粗略效果图、排版以及效果表现。运用自然规律、艺术法则、现代理念，进行环境景观设计是景观快题设计发展的必然趋势。

本书在编写时力求做到理论体系完整、案例实用，把环境景观、美学、建筑、艺术等方面的理论知识结合起来阐述，通过相关案例介绍景观快题设计的步骤和方法，使学生掌握景观快题设计的方法、知识和技能。在实际案例中，本书就景观项目背景及设计任务书相关内容对景观项目进行了完整的快题图纸表达，其内容包括总平面图、道路分析图、功能分析图、立面图、剖面图、景观示意图、鸟瞰图等。

本书由魏丽、凡鸿任主编，由吴丹、黄欣、高广亚任副主编，由程晓微、易晓芬任参编。全书由魏丽负责统稿。

本书部分图片由易晓芬、程晓微提供，大部分的原创手绘资料由高广亚经营的高光环境艺术手绘工作室提供，同时在编写过程还参考了一些资料，在此一并表示感谢！

由于时间仓促，编者能力有限，书中难免有不足之处，恳请广大读者批评指正。

编　者

目录

Contents

第1章

景观快题设计概述

||||本章导读||||

　　快题设计又称快速设计、快图设计，是指在一段限定的较短时间内完成设计方案构思和表达的过程及成果，是景观设计过程中方案设计的一种特殊表现形式。景观快题设计是对具有城市空间性质的场所功能进行分析，并将空间、植物、人群行为等一系列景观元素合理地处理并艺术地表现出来。快题设计的时间短，速度快，空间富于变化，强调环境与建筑的关系，因此要求景观设计师具有扎实的基本功和一定的设计技巧。

||||教学目标||||

　　1. 知识目标：熟悉景观设计的概念和原则，掌握景观快题设计的概念、原则、特点和评判标准。

　　2. 技能目标：能根据景观快题设计评判标准，正确理解景观快题设计。通过对景观快题设计工具的了解为手绘工作打好基础。

1.1　景观设计

　　景观设计（图1-1）是一门综合性的学科，主要内容是空间设计和管理，对象是城市空间形态，侧重于对空间领域的开发和整治，即对土地、水、大气、动植物等景观资源与环境的综合利用与再创造。

1.1.1　景观设计概念

　　景观设计是指在某一区域内创造一个由形态、形式因素构成的较为独立的具有一定社会文化内涵

图1-1　景观设计

及审美价值的景物和空间，从而为人类创造安全、健康和舒适环境的学科和艺术。

1.1.2　景观设计的原则

1. 设计适应性原则

自然景观其自身有和谐、稳定的结构和功能。人为的设计必须适应自然景观的原有"设计"，使人为引入的景观元素所带来的副作用降到最小，以保证整体景观结构和功能的完整性；设计应该多运用乡土的植物，尊重场地上的自然再生植被。自然有自身的演变和更新规律，从生态角度来看，自然群落比人工群落更健康、更有生命力。因此，一些设计师在设计中或者充分利用基址上原有的自然植被，或者建立一个框架，为自然再生过程提供条件，这也是发挥自然系统能动性的一种体现（图1-2）。

图1-2　外国景观设计

2. 整体设计原则

景观生态设计是对生态系统做全面设计，而不是孤立地对某一景观元素进行设计。它是一种多目标设计，为人类需要也为动物需要而设计，为高产值而设计，也为美而设计，设计的目的是整体优化。各景观元素分别是自然和社会科学的研究对象，只有联合多学科共同工作，才能实现理想的景观设计，保证整体生态系统的和谐与稳定（图1-3）。

3. 自然优先原则

保护自然资源、维护自然环境是利用自然和改造自然的前提。设计中要尽可能使用再生原料制成的材料，尽可能地循环使用场地上的材料，最大限度地发挥材料的潜力，减少生产、加工、运输材料过程中能源的消耗，减少施工中的废弃物，并且保留当地的文化特点。

图1-3　中国景观设计

4．高效用水原则

减少水资源消耗是生态设计的重要体现，一些景观设计项目能够利用雨水，解决大部分景观用水，有的甚至能够完全自给自足，实现对城市洁净水资源的零消耗。

1.2　景观快题设计

景观快题设计是基于道路、构筑物、植物、水体、公共服务设施、环境小品等构景元素，利用马克笔、彩铅、色粉等快速绘图工具在短时间内画出设计图纸，快速地表现设计思想的过程。

1.2.1　景观快题设计的概念

快题设计又称快速设计、快图设计，是指在一个限定的较短时间内完成设计方案构思和表达的过程及成果，是景观设计过程中方案设计的一种特殊表现形式。

景观快题设计是对具有城市空间性质的场所功能进行分析，并将空间、植物、人群行为等一系列景观元素合理地处理并艺术地表现出来（图1-4）。

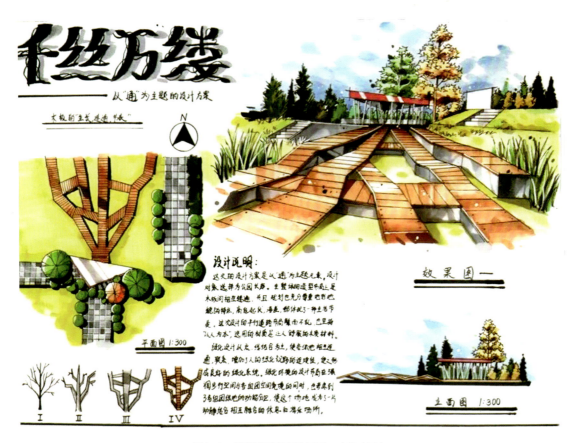

图1-4　景观快题表现效果图一（高广亚）

图1-5　景观快题表现效果图二（高广亚）

1.2.2　景观快题设计特点

快题设计是方案设计的特殊形式，是高度概括的方案。快题设计的时间短、速度快，所以要求具有扎实的基本功和一定的设计技巧。快题设计的题目特点主要有：题目类型一般比较常见、普通；空间比较富于变化；比较强调环境与建筑的关系。

1.2.3　景观快题设计要求

（1）设计能充分表达出设计者对设计任务的理解与把握，设计整体性强，图纸表达完整、连贯，并显示出一些特点（图1-5）。

（2）应尽可能符合设计任务书的要求，景观面积、规模、功能安排等要与题目要求相符合，不能有太大的出入，更不能自由发挥，添加一些不必要的内容。

（3）版式布局完整，线条、字迹清晰，无明显错误，无漏项，无漏写，无漏算。

（4）功能布局合理，构思巧妙，亮点突出。

1.2.4　景观快题设计评判标准

（1）创意要求：景观快题设计的创意切入点直接反映景观设计的水平。一个好的景观设计创意对整套景观设计方案能起到决定性的作用。

（2）图纸质量的要求：每一张图纸的细节表达应清楚，不缺项、漏项，如比例尺、指北针、标注等。图纸数量多，要在限定时间内完成设计，需要熟悉每一类图纸的表达方式。

（3）排版要求：环境景观快题设计排版是图纸本身的"脸面"，排版的得体与否直接关系到整体的设计效果。要结合景观快题设计的创意及景观快题设计的图纸量和纸张的大小综合考虑（图1-6）。

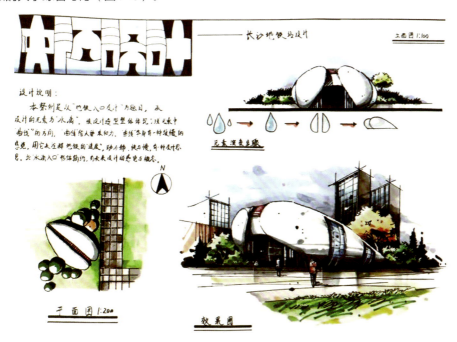

图1-6　景观快题设计排版要求（高广亚）

1.2.5　景观快题设计的发展趋势

景观设计内容涉及艺术、园林、建筑、地理学、生态学、美学、环境心理学等学科，景观快题设计已发展为一门综合学科。

现代景观设计担负起了维护和重构人类景观，为现代人的居住环境提供适宜的生存空间的使命。景观快题设计表现技法也由以前粗犷、单一的表现技法发展到现在细腻、综合的表现技法。例如，以前仅用水粉这一工具表现，而现在可以用马克笔、彩铅、色粉等工具综合表现。

图1-7 铅笔

图1-8 自动铅笔

图1-9 针管笔

1.3 景观快题表现工具

1.3.1 线描工具

绘制线稿的工具：绘图铅笔、自动铅笔、针管笔、签字笔、钢笔（图1-7至图1-11）。

（1）绘图铅笔：一般用"H"表示硬质铅笔，"B"表示软质铅笔。H前面的数字越大，表示它的铅芯越硬，颜色越淡；B前面的数字越大，表明颜色越浓、越黑。

（2）自动铅笔：粗细型号不一，使用方便，可以用在起稿或者绘制草稿时。

（3）针管笔：用来做效果图勾线描边用，颜色好，书写流利。

（4）签字笔：出水流畅，墨水有足够的浓度。

（5）钢笔：有虚实、粗细、深浅、浓淡变化。

1.3.2 着色工具

常用的着色工具：彩色铅笔、水彩、马克笔、彩色水性笔、彩色粉笔（图1-12至图1-16）。

高光部位用的着色工具：涂改液、留白液（图1-17和图1-18）。

图1-10 签字笔

图1-11 钢笔

图1-12 彩色铅笔

图1-13 水彩

图1-14 马克笔

图1-15 彩色水性笔

图1-16 彩色粉笔

图1-17 涂改液

图1-18 留白液

（1）彩色铅笔：分为可溶性彩色铅笔和不溶性彩色铅笔。

（2）水彩：色彩艳丽、透明度高，水彩可加强产品的透明度，适用于透明和反光的物体表面。

（3）马克笔：一种书写或绘画专用的绘图彩色笔，分为水性和油性两种，色彩可重叠使用。

（4）彩色水性笔：书写流畅顺滑，颜色丰富。

（5）彩色粉笔：简称软色粉，是一种用颜料粉末制成的干粉笔，一般是8cm～10cm长的圆棒或方棒。色粉在塑造和晕染方面有独到之处，色彩变化丰富、绚丽、典雅，最宜表现变幻细腻的物体。色粉以矿物质色料为主要原料，因此色彩稳定性好、明亮饱和。

（6）涂改液：用于局部提亮，给出高光。

（7）留白液：常用于水彩画中，预留出留白的位置。

1.3.3 绘图仪器与纸张

绘图仪器主要有：直尺、丁字尺、曲线尺、卷尺、放大尺、比例尺、三角板、大圆规等（图1-19）。

纸张可以选择素描纸、硫酸纸、水彩纸、铜版纸、色卡纸、水粉纸、复印纸等（图1-20）。

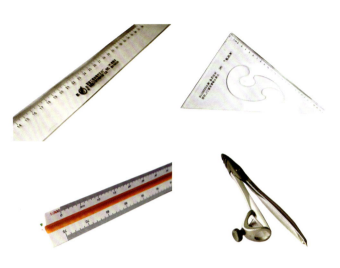

图1-19　绘图仪器

图1-20　绘图纸张

第2章

景观快题线条与着色

本章导读

　　无论任何一种表现技法的设计表现图，都是以空间为依托的，是空间的再设计。线条与着色则直接关系到图纸最后形成的画面效果，影响着整体的空间感受。景观快题不仅检验创意审美以及对手绘的掌握，还要注意设计风格。马克笔上色效果出彩，表现景观的时候很有张力，彩色铅笔和马克笔一起运用可以让马克笔更加绚丽。本章通过手绘训练，采用"理论——实训——创作"一体化教学模式的实施，掌握手绘线条和景观着色的方法和技巧，培养图形表现的准确力，用简洁明了的线条表现景观意图。通过线条和着色的训练，培养图形表现丰富性和画面线型、主次、虚实的驾驭能力。

教学目标

　　1. 知识目标：掌握景观快题线条手绘表现技法和上色技法。
　　2. 技能目标：通过大量手绘线条和着色方法的练习为以后的快题表现工作打好基础。

2.1　线条与笔触

　　线条是表现的基础，是手绘的骨架。钢笔表现以勾勒单线为主，依靠线条的粗细变化，组织画面和勾勒轮廓，不同的线条组织排列可以表现不同的对象，不同的线条带有不同的情感与不同的表现力。

　　单线条可以表现建筑主体及配景的轮廓，其优势是能明确地体现建筑物的构造及结构穿插，其中弧线排列比直线排列难度要大一些，长线排列比短线排列难度要大一些。

　　各种排线（图2-1）能更好地表现物体的体量感、空间感和不同材质的质感，以直线或弧线做一些有规律的排列就形成一个灰面，灰面形成的深浅与线条排列的疏密及线条叠加的层数有直接的关系。例如，竖线与横线交叉组成块面，具有静止、稳定的感觉；斜线重叠，交叉组成的块面具有动感；竖线、横线重叠，有整齐一致的感觉；曲线重叠、交叉，有凹凸起伏、活跃的动感。

图2-1　基础线条

2.1.1　景观线条画法

在使用硬笔画景观线条时，行笔要自如，状态要松弛，不同的用笔方法和行笔快慢能产生不同的视觉效果，给人不同的感觉。

（1）紧线。紧线用笔快速、果断、肯定，给人以率真、流畅和痛快淋漓之感。如建筑学、环境艺术设计、工业设计等专业的方案草图经常运用紧线来表现。

（2）缓线。缓线用笔舒缓、沉着，借鉴了国画用笔的特点，线性厚重而不漂浮，缓慢、随意，线条有微弱的动感。

（3）颤线。颤线（图2-2）用笔有轻微的抖动，线条生动富有节奏变化，颤动、轻松，就像弹奏着舒缓乐曲时打的节拍。

（4）粗细变化的线。粗细变化的线的特点是线条变化丰富、对比强烈、有较强的视觉冲击力、豪放、质朴，如图2-3所示。

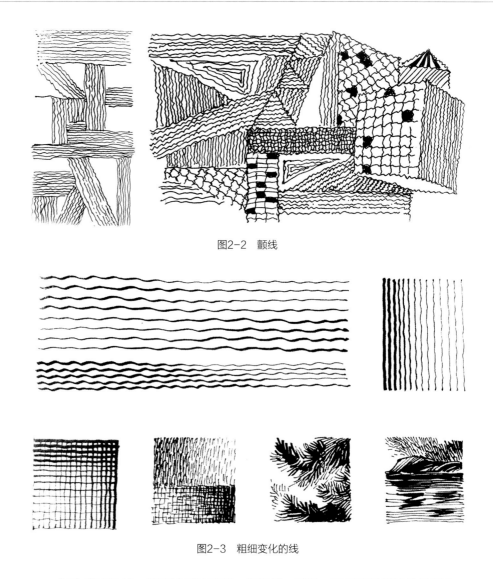

图2-2 颤线

图2-3 粗细变化的线

（5）随意的线。随意线是波浪线、锯齿线、弧线、不规则线等线性的组合，根据不同的形体，随机产生，能活跃画面气氛、形成画面动感，如图2-4所示。

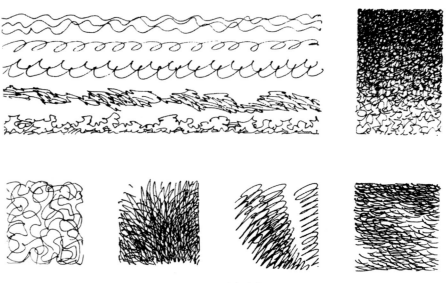

图2-4 随意的线

2.1.2 景观笔触画法

执笔用笔的"力度"、行笔的"速度"、运笔转折的"角度"决定了线条的三种变化面貌，被称为线条美感"三要素"，如图2-5所示。力度、速度是线条形象，角度是物象形象。三者有机配合，结合线的韧性、弹性、节奏、韵律、情感等塑造物体，共同完成以优美的线条转述、翻译形体和组织画面的任务。

力度是画笔着纸的压力，压力轻重决定了线的粗细、轻重、虚实。线条因用力加大而变粗变重变黑，因压力小而变淡变轻变细。压力大小只表示线条的浓淡、粗细，并不一定标志着描绘物象的强弱虚实。压力同时要和行笔速度结合起来才会使线条有更丰富的变化。速度是行笔的快慢，决定了线条的沉稳与飘浮。行笔时要使笔调呈现出生疏、凝重、枯拙的美感，在描述形体时有快有慢，形成节奏。

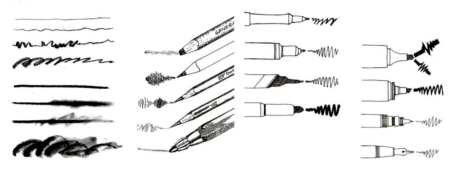

图2-5 线条美感"三要素"

2.1.3 线条与景观效果图表现

线条与景观效果图表现如图2-6所示。

图2-6 景观设计与线条

2.2 水彩上色技法

富有视觉冲击力的效果图画面效果，事实上都是通过各种材质与配景来丰富与点缀完成的。通过材质的快速表现，画面可以直接反映出物体与材料的特性，从而产生近似真实的视觉感知。

2.2.1 单色水彩立体感与明暗表现

水彩渐变法是一种重要的水彩画技法，渐变效果的关键是水分的含量要恰当。虽然同色系搭配出的渐变色效果最佳，但还是建议尝试着画出各种色彩组合的渐变效果，如图2-7所示。

图2-7 单色水彩表现

单色水彩的明暗表现是训练水彩明暗表现的基础。技法上用大号的毛笔从大面积入手，由浅至深进行渲染，颜色不宜过重，保持色彩均匀。所调的颜色要稀淡一些，多涂几遍色，不要用厚的颜色进行平涂。

2.2.2 多色水彩立体感与明暗表现

水彩常见的着色方法是叠色法。所谓叠色法就是将水彩颜色一步步地叠加上去，要在第一笔干了以后，依次叠加第二笔、第三笔等。在叠加时，色彩连接的部分颜料会立刻变软、松弛，因此运笔不要太用力以免画纸褶皱。对于水彩画色彩叠加法来说，有时即便颜色相同，如果叠加的顺序不同，也有可能表现出不同的色彩效果。色彩在多次叠加之后，可以产生立体感、空间感和笔触效果，使画面的宾主效果明确（图2-8）。

多色水彩的明暗表现应该在单色水彩明暗表现的基础上，避免颜色叠加时产生画面闷、乱、脏的现象，注意最后用黑色或较重的颜色进行效果强化和细节刻画。

2.2.3 水彩干画笔和湿画笔效果

水彩干画笔和湿画笔效果演示（图2-9）。

手绘水彩效果图表现主要有两种方式：一种是先用铅笔勾画出浅浅的草稿，后用水彩晕染；另一种是先用钢笔勾画出基本的轮廓、光影明暗，再用水彩进行表现。在这两种常用手绘方式中，效果图的质感和色彩呈现效果还分为水彩干画笔效果和湿画笔效果。

水彩干画笔是透明水彩画的传统技法，待第一层干了之后再涂第二层，等待颜色干透需要一定的时间，因此一定要有耐心。

水彩湿画笔是在湿润的纸上或尚未干透的色层上再上一遍色彩的作画方法。画面的色彩在未干时相互流动，形成水色交融、湿润柔和的效果。湿画法的艺术魅力更具有水彩的特性，适宜表现画面的大色调及远景、虚景，产生空灵朦胧、柔光倒影的意境。

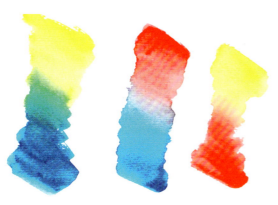

图2-8　多色水彩表现

图2-9　水彩干画笔效果和湿画笔效果

2.2.4　水彩景观表现

水彩景观表现如图2-10所示。

图2-10　水彩景观表现（魏丽）

2.3 彩铅上色技法

彩铅是一种半透明材料。彩铅表现方便简单，能够像运用普通铅笔一样自如，同时还可以在画面上表现出笔触来。彩色铅笔色彩丰富且细腻，可以表现出较为轻盈、通透的质感，效果表现典雅、朴实，并能利用线条画出细微生动的层次变化。

如果用彩铅大面积涂色，相应的线条也更为松软，可以把笔倾斜45°，使笔尖与纸接触面积增大。由于彩铅是有一定笔触的，因此在排线平涂的时候，应注意线条的方向，要有一定的规律，轻重也要适度，否则就会显得杂乱无章。另外，彩铅画面效果与运笔也有关系，需要粗线条时用笔尖已经磨出来的楞面来画，需要细线条时用笔尖来画。

2.3.1 单色彩铅立体感与明暗表现

彩铅的基础技法（图2-11）有以下几种：

（1）平涂排线法：运用彩铅均匀排列出铅笔线条，达到色彩一致的效果。

（2）叠彩法：运用彩铅排列出不同色彩的铅笔线条，色彩可重叠使用，变化较丰富。

（3）水溶退晕法：利用水溶性彩铅溶于水的特点，将彩铅线条与水融合，达到退晕的效果。

在着色顺序上，应先浅色后深色的顺序，否则画面容易深色上翻，缺乏深度。最后几次着色的时候可以把颜料颗粒用力压入纸面，可使颜色呈现些许混合且使表面光滑。

在单色彩铅的明暗表现中，一般把在画面前面的物体刻画得比较细腻，画面后面的物体相对弱化处理。彩色铅笔直立以尖端来画时，画出来的线较明了而坚实；铅笔斜侧起来以尖端的腹部来画时，笔触及线条都比较模糊而柔弱。

图2-11　单色彩铅表现

要充分体现出水溶性彩铅的特色，也就是将一幅彩铅稿画得如同水彩画一样华丽精致，在用彩铅绘画完成后，可以加水成为水彩画，也可以使用喷雾器喷水；还可以将画纸先涂一层水，然后再在上面用彩铅作画。

2.3.2 多色彩铅立体感与明暗表现

多色彩铅立体感与明暗表现如图2-12所示。

多色彩铅可以更为生动地表现画面，多样的色彩适合景观设计手绘需要。在用多色彩铅表现画面明暗关系时，除了参考单色彩铅的表现方式外，还应该注意笔触的方向。

图2-12　多色彩铅表现

2.3.3 彩铅景观表现

彩铅景观表现如图2-13所示。

图2-13　彩铅景观表现（魏丽）

2.4　马克笔上色技法

马克笔的特点是色彩丰富、表现力强和省时快捷。马克笔用笔要求速度快、肯定、有力度。用纸的时候一般选择吸水性差、纸质结实、表现光滑的纸张作画，如马克笔专用纸、白卡纸等。

2.4.1　单色马克笔用笔表现

单色马克笔用笔表现如图2-14所示。

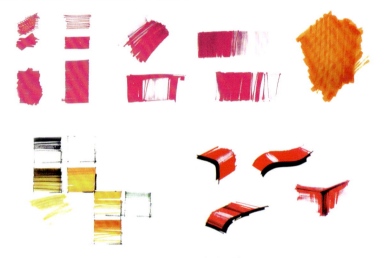

图2-14　单色马克笔用笔表现

在绘制时，笔触多为排线，有规律地组织线条和疏密，有利于形成统一的画面效果。排列时由宽到窄呈现"N"形或者"Z"形，通过调整画笔的角度和笔头的倾斜度，达到控制线条粗细变化的笔触效果。在用笔的方式上，有平行用笔、平行叠加用笔、交叉用笔等。在各种曲面与直面的过渡用笔时，要注意曲面弧度，使马克笔的笔触和曲面弧度保持一致。

2.4.2　多色马克笔用笔表现

马克笔的颜色叠加时，可以创造出多种色彩效果（图2-15）。

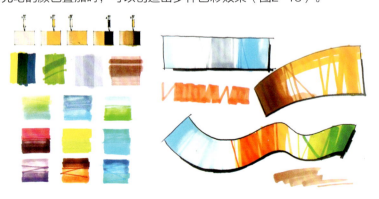

图2-15　多色马克笔用笔表现

2.4.3　马克笔明暗与空间感表现

马克笔不适合做大面积的涂染。需要做概括性的表达时，通过笔触的排列画出三四个层次即可（图2-16）；马克笔不适合表现细小的物体，如树枝、线状物体等。

马克笔是快速上色表现空间明暗关系的重要手段。在空间表现上，保持亮部和灰部的适当亮度，然后将画面最暗处加深，要注意暗部的色调，暗部太暗则不透明、不透气、板结、无空间感。

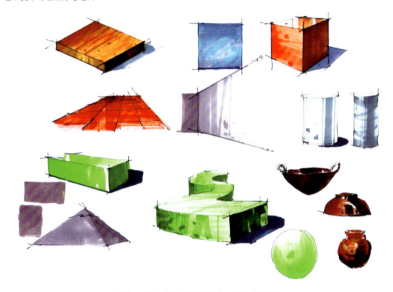

图2-16　马克笔明暗与空间感表现

2.4.4　马克笔景观表现

马克笔景观表现如图2-17所示。

图2-17　马克笔景观表现（魏丽）

2.5　色粉上色技法

色粉又叫作有色粉笔。色粉是一种见效快、操作容易、应用范围广的表现技法，在手绘效果图中主要起到烘托画面气氛和增强画面内容感的作用。色粉兼有水彩和油画的艺术效果，具有非常独特的艺术魅力，在塑造和晕染方面也有独到之处，其色彩常给人以清新之感。色粉最大的特点是能表现出细腻的色调变化和丰富的色彩层次，对于丰富设计表现技法、快速表达设计效果图有很大意义。色粉在大面积上色、运用色粉颗粒质感强的属性在平整的马克笔色图中能起到出乎意料的质感效果，特别是在表现产品细部细腻变化与渐变过渡上，具有马克笔无法企及的优点。

使用色粉时要把条状的色粉刮成粉末状，或者在粗砂纸上磨成粉状。色粉技法有平涂、斜划、重叠。平涂和斜划会出现两种面和线；重叠是将相近色进行叠加、融合，使颜色和质感效果更有层次。色粉专用纸的表面有许多微小的坑，用于色粉粉末的附着，还有一些专用纸张呈半透明状，可以从反面着色。

2.5.1　色粉用法表现

单色色粉表现和多色叠加色粉表现，如图2-18所示。

色粉笔由于质地较松软，一般选用比较粗糙、能增强其附着力的纸张。由于色粉的颜色可以叠加，因此一般色粉画的步骤跟水彩相似，先从浅色画起，慢慢往深色过渡。在表现细节时，可以把笔头适当削一点，能够更为细致地刻画。在大面积表现时，可以用小刀把色粉刮成粉末，用细刷去涂抹色粉。由于色粉容易脱落，可以分次使用定画液加固。

图2-18　色粉表现

2.5.2 色粉景观表现

色粉景观表现如图2-19所示。

图2-19 色粉景观表现（高广亚）

2.6 高光笔上色技法

2.6.1 高光笔用法表现

高光笔是提白用的，如一些受光的栏杆和树干，这些靠留白很难，所以用高光笔最后提白。当然在一些画面比较闷的地方也可以用高光笔进行点缀。

在绘制高光时，可以使用白色颜料，也可以使用专用的高光笔。根据画面呈现的需要，高光有线状、点状和面状的形态。高光使用的具体位置要非常慎重，严格按照光源关系来进行，除此之外，还要考虑不同材质上高光的不同呈现形式。

一般高光笔的点缀笔触也有明暗之分，在亮部依然存在细微的明暗对比，因此，高光的表现也是有轻微变化的，画面的疏密与主从关系，也会影响高光的表现（图2-20和图2-21）。

图2-20 高光笔景观表现（高广亚）

图2-21　高光笔景观表现（高广亚）

2.6.2　高光笔景观表现

高光笔景观表现如图2-22至图2-24所示。

图2-22　高光笔景观表现（魏丽）

图2-23　高光笔景观表现（魏丽）

图2-24　高光笔景观表现（高广亚）

2.7　景观快题上色步骤

2.7.1　园林景观快题上色步骤

步骤一：线稿可先用铅笔构图定位，也可以直接以重点部位画起，再用针管笔完善，如图2-25所示。

步骤二：在初步着色过程中，要注意通过笔触的虚实、粗细、轻重等变化来表现对象的材质，如图2-26所示。

图2-25 园林景观快题上色步骤一（高广亚）

图2-26 园林景观快题上色步骤二（高广亚）

步骤三：绘制其他相关配景，大致交代其色彩、形体、材质及受光因素即可，如图2-27所示。

步骤四：初步绘制完成后，对图面的空间层次、虚实关系进行统一调整，同时要把环境色因素加入进去，如图2-28所示。

图2-27 园林景观快题上色步骤三（高广亚）

图2-28 园林景观快题上色步骤四（高广亚）

步骤五：绘制高光，如图2-29所示。

图2-29　园林景观快题上色步骤五（高广亚）

2.7.2　广场景观快题上色步骤

步骤一：用针管笔勾勒出景观的大体轮廓，注意画面的虚实和主次关系，如图2-30所示。

图2-30　广场景观快题上色步骤一（闫谨）

步骤二：使用马克笔或者彩铅上色，从主体开始，由浅入深，如图2-31所示。上色时注意色彩的秩序关系，突出主体，背景空间层次要明确；上色过程最重要的是处理各种关系，如明暗关系、冷暖关系、虚实关系等。

图2-31　广场景观快题上色步骤二（闫谨）

步骤三：进一步深入刻画主体，根据表现意图进行色彩调整，注意色彩冷暖对比和局部微妙的色彩变化，使主体更加生动，色彩更加丰富，如图2-32所示。调整整体效果，可丰富局部的明暗色彩变化；调整局部的色彩关系，可达到理想的表现效果。

图2-32　广场景观快题上色步骤三（闫谨）

第3章

景观单体快题表现

本章导读

　　景观快题设计是对组成园林景观整体的地形、水体、植物、构筑物、设施等要素进行的综合设计。通过本章的学习，使学生能够绘制园林景观单体与场景，在总体构思的基础上，对小品、设施、植物、水体、灯光等进行合理的铺装配置，从而为后续课程打下基础。通过园林景观各个单体手绘训练，掌握园林景观各个单体的绘制方法和绘制技巧，通过硬质环境和软质环境的组合来完善整体景观设计，培养表现能力，提升审美品位与设计内涵，提高快速创作的能力。

教学目标

　　1. 知识目标：系统掌握园林景观手绘表现技法。
　　2. 技能目标：能熟悉园林景观中各个单体的手绘表现技法，根据实训景观单体的组合配置，完成整体景观设计的手绘工作。

3.1 水体快题表现

　　水是用于户外环境设计的自然设计因素。构成环境景观的要素虽然有很多，但水是第一吸引人的要素。任何一个环境景观无论其规模大小，都可以引入水景。同时，水体可以提供观赏性水生动物和植物所需的生长条件，可以改善环境和调节小环境中的气候。

　　水体在景观设计中具有系带作用，主要表现在将不同的空间联系起来，避免景观结构松散。另外，水体还有聚焦作用，如飞涌的喷泉、狂跌的瀑布等动态水景，其形态和声响很容易引起人们的注意，对人们的视线具有一种收聚、吸引的作用，这类水景往往能够成为某一空间中的视线焦点和主景。

3.1.1 静水景观表现

静水，即水的变化运动比较平缓，一般适合作较小的水面处理。静水做大面积的设计时其形式应该曲折、丰富。这主要是利用静水良好的倒影效果，营造出诗意、轻盈、浮游和幻想的景观视觉感受（图3-1至图3-3）。

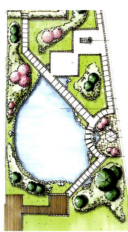

图3-1　静水景观表现效果一

图3-2　静水景观表现效果二（高广亚）

图3-3　静水景观表现效果三（高广亚）

3.1.2 流水景观表现

流水使环境富有变化与韵律。流水有急缓、深浅之分，也有流量、流速、幅度大小之分，蜿蜒的小溪、淙淙的流水使环境更富有个性与动感（图3-4和图3-5）。

图3-4 流水景观表现效果一（魏丽）

图3-5 流水景观表现效果二（闫谨）

3.1.3　落水景观表现

水源因蓄水和地形条件的影响而有落差则称为落水。水由高处下落有线落、布落、挂落、条落、多级跌落、层落、片落、云雨雾落、壁落等形式。落水时而潺潺细语，幽然而落；时而奔腾磅礴，呼啸而下。落水景观表现效果如图3-6至图3-8所示。

图3-6　落水景观表现效果一（魏丽）

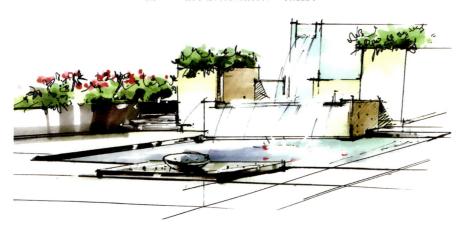

图3-7　落水景观表现效果二

图3-8　落水景观表现效果三

3.1.4 喷水景观表现

喷水是城市景观中运用最为广泛的人为景观之一。喷泉是利用压力使水自喷嘴喷向空中的景观，依据形态特征大致分为：单射流喷泉、喷雾喷泉、充气喷泉和造型式喷泉（图3-9）。

图3-9 喷泉景观表现

（1）单射流喷泉是一种最简单的喷泉，水通过单管喷入喷出。单管喷泉有相对清晰的水柱，可达几米到几十米，甚至可高达百余米。小型单股射流可设置于庭院或其他位置，设备简单，装设方便，可以在不大的范围内形成较好的景观效果（图3-10）。

图3-10 单射流喷泉景观表现效果

（2）喷雾喷泉以少量水喷洒到大范围空间内造成雾蒙蒙的环境效果，当有灯光或阳光照射时，可呈现彩虹当空舞的景象，与其他喷水、彩灯配合造型，更能烘托出环境气氛。作为一种设计之美，可以用来表示安静的情绪。

（3）充气泉的喷嘴孔径非常大，能产生湍流水花的效果，所以又叫作涌喷，适合放在景观中的突出景点上。

（4）造型式喷泉是由同类型或不同类型喷嘴通过一定的造型组合而成的喷泉。利用各种构筑物小品如墙体、池边、盆花等，形成一个多层次、多方位、多种水态的复合喷泉，表现丰富多姿的水景，耐人寻味（图3-11）。

图3-11　造型式喷泉景观表现效果

3.2　植物快题表现

植物在环境景观中可以起到塑造空间和美化环境的作用。植物除了有自身的特性、形状、色彩、纹理，在组合时还会产生多种空间效果。在进行植物手绘时，除了要考虑单株树木优美的体态及欣赏的形式和部位外，还应考虑树木全年使用的有效性和协调性，以达到色彩和位置都适宜的效果。景观设计中常用对比的手法突出环境主题（图3-12）。

3.2.1　植物种植设计遵循的基本原则

（1）符合园林总体规则形式。园林的植物景观必须符合园林的总体规划，处理好植物与山、水、建筑、道路等园林要素之间的关系，使之成为一个有机整体。

（2）遵循艺术构图的基本原则。在植物造景设计时，树形、色彩、线条、质地、比例等都要有一定的差异和变化，并在保持一定相似性的前提下显示植物的多样性、形成统一感。

（3）符合园林绿化的性质和功能要求。园林植物种植设计首先要从园林绿地的性质和主要功能出发，选择植物种类以及合适的种植形式。

图3-12　景观里的栽植绿化

（4）充分发挥园林植物的观赏特征。造景在植物设计时，应根据植物本身具有的特点，全面考虑各种观赏效果，合理配置。园林植物的季相变化能给人以明显的气候变化感受，体现园林的时令变化，表现出园林植物特有的艺术效果。

（5）合理种植密度和搭配。在进行植物搭配时，要兼顾速生树与慢生树、常绿树与落叶树、乔木与灌木、观叶植物与观花植物、草坪与地被等植物的搭配，营造稳定的植物群落。

3.2.2　灌木单体表现

灌木（图3-13至图3-18）在效果图表现中起到填充和点缀作用，用来适当遮挡主体局部，可以增添画面的层次感。

图3-13 灌木平面图

图3-14 灌木组合平面图

图3-15 灌木立面图

ASPIDISTRA
ELATIOR BLUME

图3-16 灌木立面图（高广亚）

图3-17　带状转角灌木表现图

图3-18　灌木景观表现（高广亚）

灌木树冠矮小，多呈现丛生状，寿命较短，树冠虽然占据空间不大，但正好在人们生活的空间范围，与乔木相比对人的活动影响更大。灌木枝叶浓密丰满，常具有鲜艳美丽的花朵和果实，形体和姿态也有很多变化，在防尘、防风沙、护坡和防止水土流失方面有显著作用。在造景方面，灌木可以增加树木在高低层次方面的变化，可作为乔木的陪衬，也可以突出表现灌木在花、果、叶观赏上的效果。灌木也可用以组织和分隔较小的空间，阻挡较低的视线。

3.2.3　乔木单体表现

乔木树冠高大，树冠占据空间大，而树干占据的空间小，因此不大妨碍游人在树下活动。乔木的形体、姿态富有变化，枝叶的分布比较空透，在改善小气候和环境卫生方面有显著作用，特别是有很好的遮阴效果。在造景上，乔木也是丰富多彩的，从郁郁葱葱的林海、优美的树丛，到千姿百态的孤立树，都能形成美丽的风景画面。在园林中，乔木既可以成为主景，也可以组成空间或分离空间，还可以起到增加空间层次和屏障视线的作用。常用树形有规则与不规则两种，以下是不同形态的树的画法，如图3-19所示。乔木景观表现效果，如图3-20至图3-24所示。

图3-19　乔木形态

图3-20　乔木景观表现效果一

图3-21　乔木景观表现效果二

图3-22　乔木景观表现效果三（高广亚）

图3-23　乔木景观表现效果四（闫谨）

图3-24 乔木景观表现效果五（闫谨）

3.2.4　地被单体表现

　　地被植物一般面积较大，在快题设计中可以用色块对比来表现，亮面要用鲜艳的暖色，暗面则加入冷色画投影，可以用针管笔勾画细节。地被景观表现效果如图3-25至图3-27所示。

图3-25 地被景观表现效果一（高广亚）

图3-26 地被景观表现效果二（魏丽）

图3-27 地被景观表现效果三（魏丽）

地被植物经过修剪后，呈现一派绿草如茵的景象，山野地带夹杂有各种灌木、石块和花卉，可呈现出杂草丛生的景象（图3-28）。当地被植物被栽植到树池中，可以形成优美的景观（图3-29）。

图3-28　地被景观表现效果四

图3-29　地被景观表现效果五

3.2.5　花卉单体表现

花卉在植物表现中是很多见的，在植物景观中可以起到点睛的作用。花卉除有自身的形状、色彩、纹理外，在组合时还会产生多种视觉效果。在进行花卉手绘时，除了要考虑单株花卉优美的体态及欣赏的形式和部位，还应考虑花卉与植物全年使用的有效性和协调性，以达到色彩和位置适宜的效果。在景观设计中，常用花卉的鲜艳色彩来调和、强调环境主题，区分四季（图3-30和图3-31）。

图3-30　花卉景观表现效果一

图3-31　花卉景观表现效果二

3.3　山石快题表现

山石可以组合造景、固岸围池、伏水为溪、累积为桥，是景观设计中重要的设计元素。石玲珑剔透，有远古之意，如抽象雕塑，有现代之感，千姿百态的置石，丰富了园林的内涵。置石组景不仅有其独特的观赏价值，而且能陶冶情操，给人们无穷的精神享受。石材的纹理、轮廓、造型、色彩、意韵在环境中能起到点睛作用。

3.3.1　山石表现的基本原则

在山石的表现过程中，首先应熟知石性、石形、石色等石材特性，其次应准确把握山石所在的环境，如建筑物的体量、外部装饰、绿化、铺地等诸多因素。山石造景设计必须从整体出发，以少胜多，这样才能使置石与环境相融洽，形成自然和谐美。

表现石山时要注意以下几点：

（1）用线条勾勒线稿时要注意山石的结构（图3-32和图3-33）。线条无论粗细，勾勒时一定要有力度，以体现石材的质感、体积感，切忌线条软弱无力。

（2）用马克笔上色时，最好选用三支不同深浅变化的同一色系颜色的马克笔，这样颜色过渡才能柔和、自然。在上色时一定要有深浅、明暗等变化，以塑造山石的体积感，尽量不留或者少画高光，以显示其自然的光感。

图3-32　山石线稿一

图3-33　山石线稿二

（3）上色时要考虑山石放置的位置、环境等因素，可以适当增加环境色或冷暖变化。山石的颜色根据种类的不同而不同，常见的山石颜色有灰色、黄色、棕色，如湖石、黄石、青石等。

3.3.2　山石快题表现技法

（1）山石的平面画法：表现山石平面方向的外形、大小及纹理。用细实线绘出形状；依据石材质地、纹理特征，用细实线画出石块面、纹理细部特征；依据山石的形状特点、阴阳向背，描深线条，外轮廓用粗实线，石块面、纹理线用细实线绘制（图3-34）。

（2）山石的立面画法：轮廓线要用粗线勾画，石块面、纹理可用较细、较浅线条勾绘，体现石块的体积感（图3-35）。

图3-34　山石的平面画法

图3-35　山石的立面画法

（3）群体山石绘制与表现：叠石常常是大石与小石穿插，以大石间小石或以小石间大石表现层次，线条的转折要流畅有力（图3-36）。

山石快题表现效果如图3-37所示。

图3-36　群体山石表现

图3-37　山石快题表现效果（高广亚）

3.4 阶梯快题表现

在进行景观设计时，凡是倾斜度大的地点，通常要设置阶梯。阶梯作为景观的一部分，应与道路风格成为一体，但又要有自己的风格特征，表现时重点要放在材料结构和铺装形态方面。

阶梯的结构包括台阶和踏步，在绘制时要注意阶梯的结构。

3.4.1 阶梯表现的基本原则

表现阶梯时要注意以下几点：

（1）在阶梯表现时要注意整体透视变化，线稿图要充分表现出阶梯的结构、质感和色彩。同时还要注意台阶铺装图案的透视变化（图3-38）。

（2）阶梯要表现出坚实的硬度和体积感，质感表现要强。

（3）阶梯表现要考虑其形态变化与环境变化的统一性。色彩要稳重，不能太鲜艳，要与环境相协调。

图3-38 阶梯表现

3.4.2 阶梯快题表现效果

根据景观设计的需要，阶梯设计更加多元化，地势的高低处理使阶梯成为景观设计的必然组成部分。在众多现代景观设计案例中，庭园中的台阶除了考虑通行的功能以外，还要考虑与周围环境的协调以及造景的效果。最具有吸引力的台阶，是那种有景可观、坐着或站着都舒适的台阶。在条件许可的情况下，台阶要尽量宽阔，落差不宜太大。在台阶上摆放花盆或雕塑等装饰品，使观赏者缓步而上的同时，更好地欣赏周围的景观。花岗岩、马赛克、木材、卵石等都是不错的台阶铺地材料。

阶梯快题表现效果如图3-39和图3-40所示；景观与阶梯表现效果如图3-41和图3-42所示。

图3-39　阶梯快题表现效果一（闫谨）

图3-40　阶梯快题表现效果二

图3-41　景观与阶梯表现效果一（高广亚）

图3-42 景观与阶梯表现效果二（高广亚）

3.5 道路快题表现

在景观设计中，道路除了具有实用功能外，还具有装饰美化功能，在表现时重点应放在铺装材料质感方面。道路分为主干道和次（支）干路。

3.5.1 道路表现的基本原则

景观中的路面多以石质材料为主，应该把路面的质感充分表现出来（图3-43）。如果是以道路为主的局部景观表现，路面的表现要细致一些；如果是以路面为铺的景观表现，可以根据需要概括地表现路面。

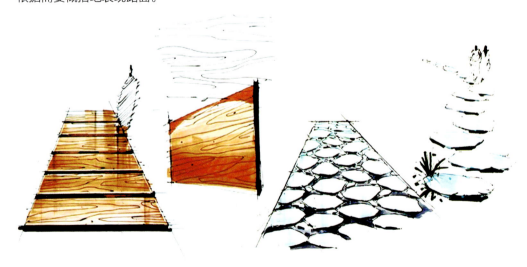

图3-43 道路景观质感表现

表现道路时要注意以下几点：

（1）路面表现时应注意透视变化，透视要符合规律。

（2）用马克笔上色时应注意用笔的方法以及路面的质感（图3-44）。

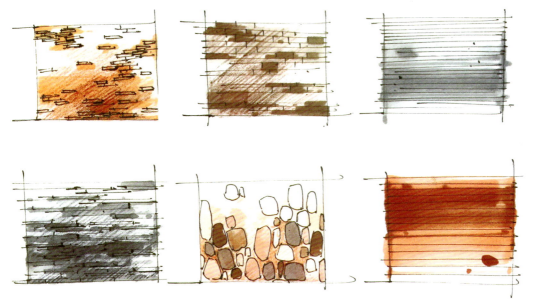

图3-44　道路质感表现

（3）路面的色彩随着路面景物的变化而变化，并根据整个画面色调变化调整。在表现比较平坦的路面，无论是笔触过渡还是颜色过渡都要有变化。路面上适当增加一些投影，以烘托气氛，丰富路面的变化（图3-45）。

3.5.2　景观道路快题表现效果

道路是连接各功能区的纽带，既是一个景区发展水平的标志，也是景区形象和环境景观的核心。景观主干道、景观次干道和景观步行道的道路景观要素中最重要的自然要素就是植物，它们拥有着活泼的生命力和表现力，将道路点缀得更加漂亮。

景观道路快题表现效果如图3-46至图3-50所示。

图3-45 道路景观表现（高广亚）

图3-46 景观道路快题表现效果一（高广亚）

图3-47　景观道路快题表现效果二（高广亚）

图3-48　景观道路快题表现效果三（高广亚）

图3-49　景观道路快题表现效果四（高广亚）

图3-50　景观道路快题表现效果五（魏丽）

3.6 汀步快题表现

汀步是铺设在水中的步石，有人把它称为"踏步桥或者跳桥"。汀步的形式既可以是自由式的，也可以是规则式的。汀步材料多为天然石材、人造石材或是混凝土。

3.6.1 汀步表现的基本原则

表现汀步（图3-51）时需要注意以下几点：

图3-51 汀步

（1）在汀步表现时，石材、水泥等硬质材料，要体现出一定的硬度和立体感，有真实感。

（2）无论是规则式的还是自由式的汀步，在表现时都要特别注意透视的准确性，如汀步单体的透视间隔等。上色用笔要符合形体结构要求，笔触不要破坏形体结构。

（3）要注意汀步色彩的变化。以汀步为主的景观表现，要考虑汀步在水中的色彩变化，适当考虑水的环境色彩对汀步的影响，使其色彩更加真实。

3.6.2　汀步快题表现效果

汀步无架桥之形，却有渡桥之意，是水面道路的延伸。水中汀步应该尽量亲近水面，营造仿佛置于水上的效果。汀步的应用可以避免对整体水面造成割裂感，在增强景观完整性的基础上还可以呈现韵律感。现代景观设计中，汀步所呈现的是一种虚空间，与周边的水面和山石花草结合得到了虚间实的变化，极大地拓宽了景观的层次，使视觉空间变得丰富而有张力。这种虚空之境，既可衬托山水草木的"有"，反过来，又可使有形质的山水草木向无形质的虚空展开与延伸，形成一种虚实互补的空间氛围。

汀步快题表现效果如图3-52所示。

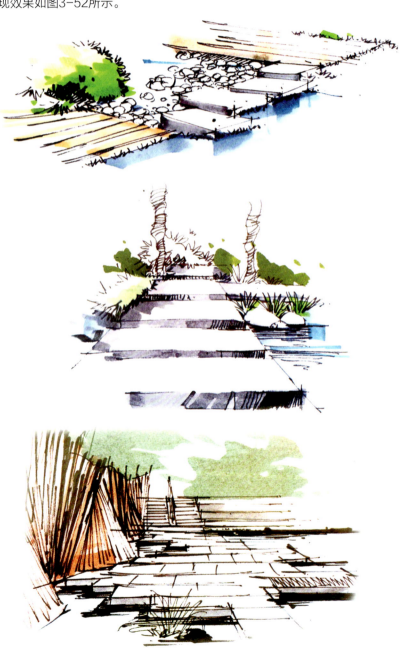

图3-52　汀步快题表现效果

3.7 景观建筑快题表现

景观设计中的建筑是指以房屋建筑为主的建筑物，相对于山体、水体、植物等表现来说要复杂。以建筑为主题的景观表现，应该把建筑画得详细、精致一些；以其他景物为主题的景观表现，建筑应该画得简略、概括一些，无论是在线条方面还是在上色方面都应如此。建筑周围的环境表现要充分一些，尽量把建筑融入环境之中去表现，烘托出一种环境气氛。

3.7.1 景观建筑表现的基本原则

表现建筑（图3-53）时要注意以下几点：

（1）绘制建筑图线稿时，建筑透视要准确，一定要把建筑的形体与结构表达清楚，不可含糊不清，着重表现建筑立体感。

（2）建筑本身色彩的表现不能过于鲜艳，应该符合建筑的实际色彩要求，可以利用环境色来表现建筑本身的色彩，以建筑的固有颜色为主去表现。

（3）应从整体入手来绘制。绘制之前要充分考虑地面、天空、植物等诸多方面的表现及相互之间的协调性。例如，对地面、天空、植物上色时，相互之间的明暗、深浅、冷暖、笔触等关系都要考虑清楚，不能只关注局部。

图3-53　景观建筑表现（高广亚）

3.7.2 景观建筑快题表现效果

景观设计从来不是以一个独立体而存在，它的终极目的是达到与整体的空间环境相和谐，因此造型依据必须是环境空间。建筑的复杂性决定了建筑形体在景观设计中的地位，可以说从事空间工作的建筑设计者，是对空间环境进行理性、艺术的划分，相应的艺术划分也会影响到景观设计。

景观设计师要把建筑物嵌入城市整体景观当中，从事建筑规划以及设计活动是为了能够营造出供人们生活的有生命力的空间环境，考察景观设计和建筑形体的关系时，对于二者的体验和调查十分重要。

在不同规模的景观规划和设计营造中，建筑形体可以作为点、线、面三种形态变换地出现，而且在人造环境当中，建筑形体的背景效果是其他物体无法取代的。

景观设计者必须要有目的地使该建筑主宰周围的建筑环境形式并形成强烈的对比。景观环境中的标志性建筑一旦确立，整个景观环境的整体风格就形成了。

景观建筑快题表现效果如图3-54至图3-69所示。

图3-54　景观快题建筑表现效果一（高广亚）

图3-55　景观快题建筑表现效果二（高广亚）

图3-56　景观快题建筑表现效果三（高广亚）

图3-57　景观快题建筑表现效果四（高广亚）

图3-58　景观快题建筑表现效果五（闫谨）

图3-59　景观快题建筑表现效果六（闫谨）

图3-60　景观快题建筑表现效果七（闫谨）

图3-61　景观快题建筑表现效果八（闫谨）

图3-62　景观快题建筑表现效果九（闫谨）

图3-63　景观快题建筑表现效果十（闫谨）

图3-64　景观快题建筑表现效果十一（魏丽）

图3-65 景观快题建筑表现效果十二（魏丽）

图3-66 景观快题建筑表现效果十三（魏丽）

图3-67 景观快题建筑表现效果十四（魏丽）

图3-68 景观快题建筑表现效果十五（魏丽）

图3-69　景观快题建筑表现效果十六（魏丽）

3.8　廊桥快题表现

廊桥又称"虹桥""蜈蚣桥"等，为有顶的桥，可保护桥梁，也可遮阳避雨、供人休息等，主要有木拱廊桥、石块廊桥、木平廊桥、风雨桥、亭桥等。廊桥是构成环境景观的要素之一，一般与水体交相呼应，在景观设计中具有系带与串联作用。

3.8.1　廊桥快题表现的基本原则

表现廊桥时要注意以下几点：

（1）应从整体入手来绘制，不能只关注局部。绘制廊桥之前要充分考虑地面、天空、植物等诸多方面的表现及相互之间的协调性。上色时，要考虑到明暗、深浅、冷暖、笔触等关系。

（2）透视要准确，根据透视规律和透视方法来表现，这是廊桥立体感表现的一个重要方面。绘制廊桥线稿时，一定要把廊桥的形体与结构表达清楚，不可含糊不清（图3-70）。

图3-70　廊桥表现

（3）廊桥本身色彩的表现应符合廊桥的实际色彩，以廊桥的固有颜色为主，可以利用环境色来表现廊桥本身的色彩。

3.8.2　廊桥快题表现效果

廊桥是园林中空间联系与分割的重要手段。廊桥不仅具有交通联系的实用功能，同时具有遮风避雨的功能，同时还能对游览线路的组织串联起到十分重要的作用。

廊架在绿地中出现的频率很高，在造型上，现代园林中复廊、双层廊较少采用，双面空廊多见，只有中间一排列柱的"单支柱式廊"运用最广。一些廊架造型细腻，干脆不用植物，让人欣赏建筑的人工美，表现出灵活的自由度。

现代景观设计中，桥除了要具备基本的交通功能之外，对美观的要求越来越高。桥自身的长短、开合、高低，能对景区产生大小、明暗、起伏、对比的转换效果，从而形成有特色变化的不同景区。

廊桥快题表现效果如图3-71至图3-75所示。

图3-71 廊桥快题表现效果一

图3-72　廊桥快题表现效果二

图3-73　廊桥快题表现效果三

图3-74　廊桥快题表现效果四（魏丽）

图3-75　廊桥快题表现效果五（魏丽）

3.9 景观小品快题表现

景观小品（图3-76）一般指体形小、数量多、分布广、功能简单、造型别致，具有较强的装饰性，富有情趣的精美户外设施。景观小品是景观中的点睛之笔，对空间起点缀作用。景观小品是通过本身的造型、质地、色彩来展现形象特征的，表现时要针对这些特征加以分析、研究，找出表达方法和规律。

3.9.1 景观小品的类型

景观小品的类型大致分为以下几种：

（1）服务小品：供游人休息、遮阳用的廊架、座椅，为游人服务的电话亭、洗手池，为保持环境卫生的垃圾桶等。服务小品常结合环境，用自然块石或用混凝土做成仿石、仿树墩的凳、桌；或利用花坛、花台边缘的矮墙和地下通气孔道来作为椅、凳等；围绕大树基部设椅凳，既可休息，又能遮阴。

（2）装饰小品：各类绿地中的雕塑、铺装、景墙、窗、门、栏杆等，有的也兼具其他功能。装饰小品的种类多样，内容丰富，在园林中起到重要作用。

（3）展示小品：城市信号装置日趋多样化，包括各种布告栏、导游图、指路标牌、说明牌等，起到一定的宣传、指示、教育的功能。在设计上，展示小品的材料、造型、色彩及设置方式要与其他小品保持一致性，但又要有个性。设计尺度和安放位置要易于被发现且方便阅读。

图3-76 景观小品表现（高广亚）

（4）照明小品：以草坪灯、广场灯、景观灯、庭院灯、射灯等为主，其基座、灯柱、灯头、灯具都有很强的装饰作用。

3.9.2　景观小品快题表现的基本原则

座椅、园灯、雕塑、指示牌等景观小品表现时要注意以下几点：

（1）注意形体结构，造型要精确，符合透视规律。上色用笔方法要按照形体结构来选用，笔触运用不要破坏形体结构特征。

（2）考虑物体固有色彩和环境色彩的协调性；要表现出物体的质感和特征；近处物体要细致表现，远处物体要概括表现。

3.9.3　景观小品快题表现效果

一般情况下，一个景区都会有一个主题，或反映某一种文化，或突出某一种建筑风格，或展示某一种生态，景观小品可以起到烘托主题的作用。围绕景区主题建设的景观小品，能很好地烘托主题，提升景区的知识性、趣味性和观赏性，增加游人在景区的逗留时间。

景观小品快题表现效果如图3-77至图3-82所示。

图3-77　景观小品快题表现效果一

图3-78　景观小品快题表现效果二

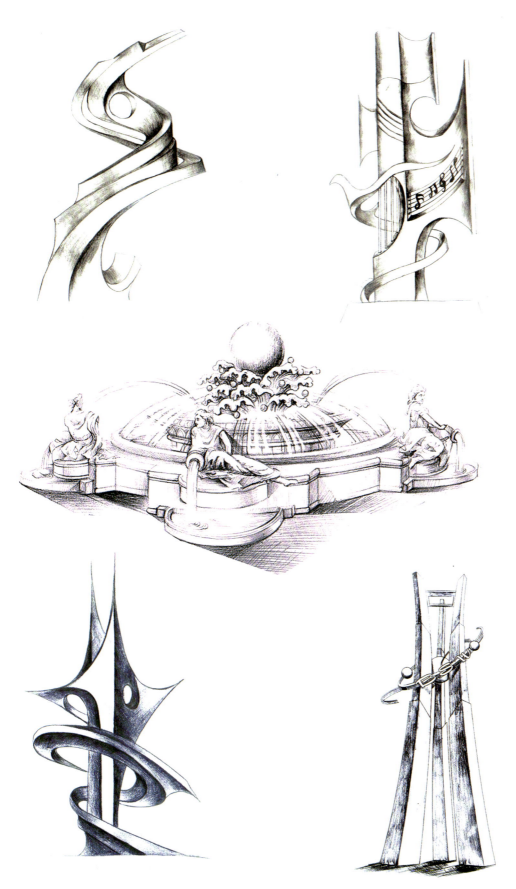

图3-79　景观小品快题表现效果三

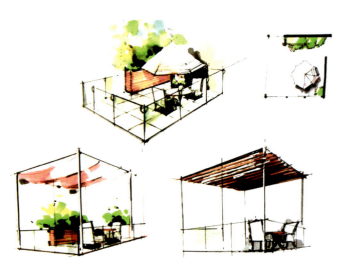

图3-80　景观小品快题表现效果四

图3-81　景观小品快题表现效果五

图3-82　景观小品快题表现效果六

第4章

景观快题设计过程

‖‖‖ 本章导读 ‖‖‖

　　景观设计是一门集景观分析、规划、设计、管理、保护的科学艺术。景观设计的目标是在满足功能的前提下，协调人与环境的关系，通过设计来营造更舒适的居住环境。景观快题设计的步骤包括审题、分析、构思与草图、方案设计、定稿与排版、绘画检查与完善等。通过训练掌握景观快题设计的流程，培养图形表现能力。

‖‖‖ 教学目标 ‖‖‖

1. 知识目标：掌握景观快题设计的步骤。
2. 技能目标：通过学习景观快题设计的步骤，为以后的景观表现工作打基础。

4.1　景观快题设计步骤

　　任何设计都有相应的设计程序，景观快题设计应该遵循以下步骤：

4.1.1　审题

　　景观设计任务书以文字和图形的方式给设计者提出明确的设计目标、设计要求和设计内容。设计者要通读和细读设计任务书，全面审题，深入了解给定的设计条件、设计要求和设计信息，抓住设计的核心问题，同时对各个细节做到心中有数。

　　设计者在审题时应仔细研究设计任务书中的基地地形图，如道路红线、建筑控制线、保留树木、等高线等。

4.1.2 分析、构思与草图

景观快题设计应从以下两个方面进行分析和构思。

（1）从环境方面分析和构思，具体包括：地理环境、区位环境、室外环境等；交通流线的组织（车流、人流、货流等要素的组织）；朝向、景观——界面控制（与周围建筑的相互关系）；建筑形态的环境意义——空间体量的组合、空间界面的围合、建筑对周围环境的影响。

（2）从功能方面分析和构思，具体包括：各功能面积分配；各功能开放程度，空间对内和对外的关系；各功能空间的朝向要求，以及与之相适应的结构要求、各功能空间的动静要求；各功能空间的相互联系要求。

4.1.3 方案设计

景观快题方案设计一般包括以下这些内容：

（1）设计说明（包括项目背景、用地条件、设计理念、设计特点、设计构思、种植设计说明等）。

（2）总平面布置图（图4-1）。

（3）环境景观设计空间、视线分析图（图4-2）。

（4）环境景观设计交通、道路组织图（规划道路、消防道、步行系统、地下车库出入口等）。

（5）环境景观设计功能分析图（图4-3）。

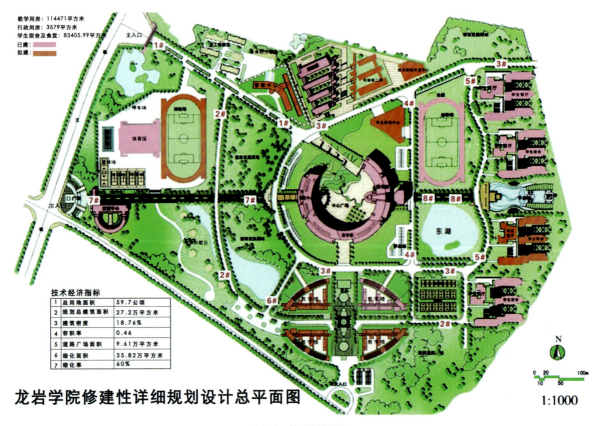

龙岩学院修建性详细规划设计总平面图

1:1000

图4-1 总平面布置图

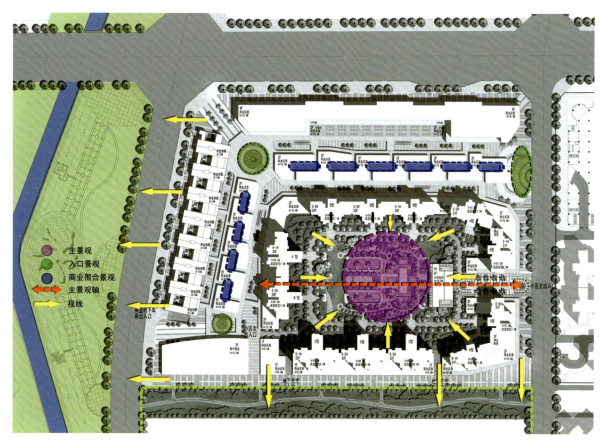

图4-2 景观设计空间、视线分析图

北

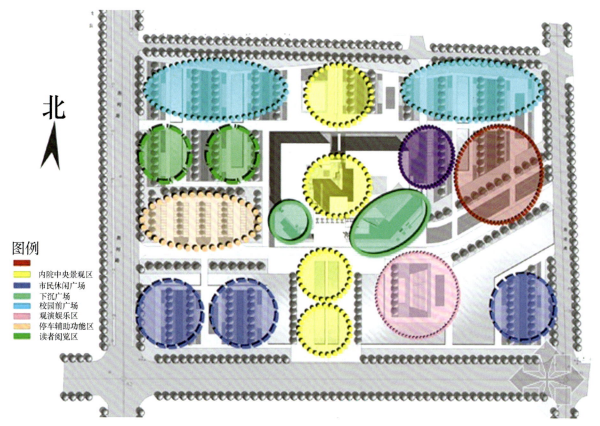

图例

图4-3 景观设计功能分析图

（6）总平面竖向设计图。

（7）总体剖立面图。

（8）地面铺装设计图（图4-4）。

（9）灯光配置方案性设计图。

（10）家具平面布置图。

（11）分区平面放大图，如主入口、次入口、重要节点等（图4-5）。

（12）细部平面、立面、剖面设计图。

（13）植物配置意向性设计图。

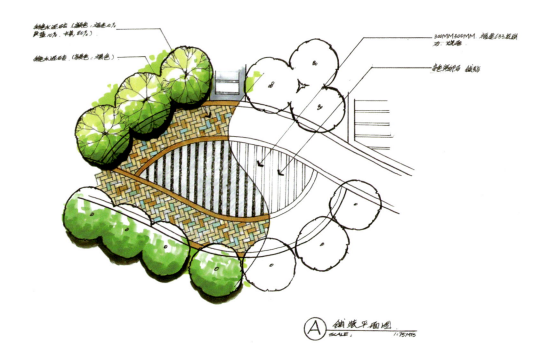

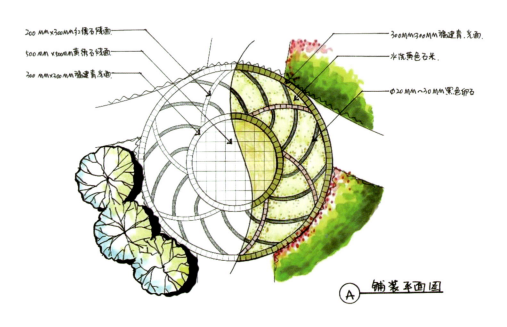

图4-4　地面铺装设计图

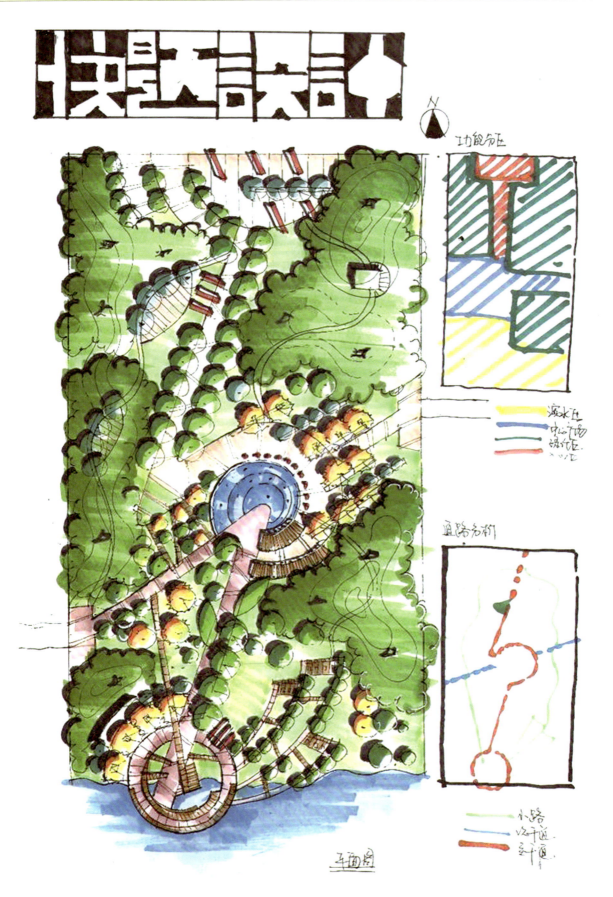

图4-5　分区平面放大图

（14）反映景观设计意图的效果图多张（包括整体鸟瞰图，如图4-6所示）。

图4-6　景观设计鸟瞰图

（15）参考意向图片（小品、铺地、植物、空间形态等）。

（16）其他能表达设计意向的图纸。

（17）方案设计估算书。

4.1.4　定稿与排版

排版的基本原则是：构图均衡、图文协调、重点突出、没有漏项。

虽然快题设计考查的是设计者的方案设计和表达能力，但有经验的评阅人完全可以从排版情况和图面的整体效果判断出设计者的修养和基本功。

同时，整洁美观的图面将给评阅人以良好的第一印象。排版时注意把重要的图放在整张图纸的视觉中心。

4.1.5 绘图

景观快题设计绘图的原则如下：

（1）表现图表现方式自选，应体现设计者一定的审美能力，表达设计意图，显现个性和风格。

（2）表现图应该重比例、透视、构图，以素描关系为基础，稍加阴影，交代清楚即可。

（3）表现图应表达清楚设计者的想法和设计思路。设计说明应突出重点，简明扼要，主要内容有功能布局、交通流线、景观分析等（图4-7和图4-8）。

图4-7　景观手绘表现图（一）

图4-8　景观手绘表现图（二）

4.1.6 检查与完善

景观快题设计检查与完善应注意以下几点：

（1）检查题目要求：景观方面的要求、功能要求等部分内容。

（2）检查建筑面积要求：总面积是否超或少（一般允许有10%的出入）、绿地面积等。

（3）检查图纸的要求：总平面图、立面图、剖面图、透视图或轴测图、设计说明、分析图、节点详图等。

（4）检查基地要求：注意基地的特点，有无要保留的树木、古迹等，出入口方位是否正确。

（5）检查表现方式：一般说来，总平面图、立面图、剖面图等用墨线绘制，而透视图或轴测图表现方式不限。

4.2 景观快题设计图纸评价指标

景观快题设计图纸评价指标有以下几项：

（1）图面内容逻辑清晰，容易读图。

（2）图底分明，图纸内容主次有别。

（3）构图匀称，主题突出。

（4）绘制清晰，图面明快。

（5）用色得体，重点明确。

（6）表达到位，关系明晰，环境处理得体。

4.3 景观快题设计方案表现

4.3.1 设计方案表现的方式

设计方案的表现主要以草图为主，包括景观立面图、平面图、局部透视图、功能分析图、设计概念分析图等内容。草图主要是供设计者自己深入推敲或与其他人讨论之用，所以制作上可以轻松随便一些，但一定要能够准确地表达设计意图。

一般来说，建筑造型主要通过立面和透视图表达，因此应把握以下环节：

首先，建筑造型要与功能有必然的联系和呼应，并且反映出不同类型建筑的空间构成特点，表达出不同的建筑个性。

其次，建筑造型应与周边环境有密切关联，在尺度、体量、色彩等方面反映出在地域、气候、文化等条件下建筑应有的环境特征。

最后，建筑造型应具有整体性，主从关系清楚，立面设计逻辑性强，防止结构错误或立面凌乱，有一定的细部处理，结合节点详图，能够反映出一定的材料外观、构造做法。

4.3.2　正式方案成果

正式方案成果一般包括：设计说明；总平面图（彩色或黑白）；主要景观立面；各种分析图（功能分析图、景观分析图、道路系统分析图、绿化效果分析图、视线分析图等）；各个景点的设计图和效果图；总体鸟瞰图；各种辅助的意向图或参考图；主要绿化苗木清单；概算造价。

4.3.3　方案成果的形式

景观快题设计方案可以以下几种形式呈现：排列设计展板；制作A3或A2图册；制作多媒体演示文件；制作设计模型。

第5章

景观快题设计
平面、立面、剖面图

||||本章导读||||

　　景观中的平面图、立面图和剖面图是景观中各种要素（地形、水面、植物、建筑构筑物）的水平面、立面和剖面的正投影所形成的视图。通过景观快题平面图、景观快题立面图和景观快题剖面图的训练，可以清晰地表现出整个环境景观的空间布局、组织结构、景物构成等诸多设计要素间的关系。除此之外，还能清晰地表现出空间范围内横向和纵向景观各部分之间的尺度、比例关系。

　　通过手绘训练，掌握景观快题平面图、景观快题立面图和景观快题剖面图的绘制方法与绘制技巧，培养图形表现准确力。

||||教学目标||||

　　1. 知识目标：掌握景观快题平面图、景观快题立面图和景观快题剖面图的概念。
　　2. 技能目标：掌握景观快题平面图、景观快题立面图和景观快题剖面图的绘制方法。

5.1　景观快题设计常用比例

　　在绘制景观设计的过程中，常用的表现形式有景观平面图、景观立面图、景观剖面图。景观平面、立面、剖面图有常用的比例，并且有相应的比例尺（图5-1）。

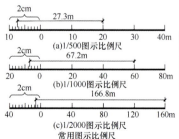

图纸名称	常用比例	可用比例
总平面图	1：500、1：1000、1：2000	1：2500、1：5000
平面、立面、剖面图	1：50、1：100、1：200	1：150、1：300
详图	1：1、1：2、1：5、1：10、1：20、1：50	1：25、1：30、1：40

图5-1　常用比例尺

另外，景观平面图上应标注方向，方向用指北针符号（图5-2）表示。

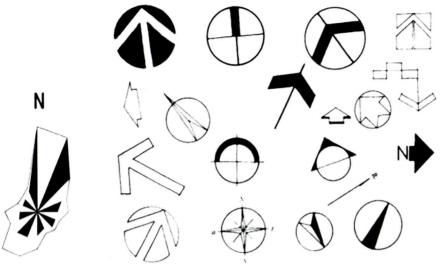

图5-2　指北针符号

5.2　景观快题设计平面图

5.2.1　平面图的定义

平面图是环境艺术专业设计者最常用的设计表现图。

平面图反映设计中的空间关系、交通关系、植被、水体、地形等。平面图能清晰地显示出整个环境景观的空间布局、组织结构、景物构成等诸多设计要素间的关系。

平面图是对象在平面上的垂直投影，它可以表示物体的尺寸、形状、色彩、高度、光线及物体间的距离。绘制平面图就是将设计在场地上各种不同元素的详细位置及大小标示于图面上，如道路、山石、水体、地形、墙、植物材料、建筑物、构筑物等，用来表达设计元素之间的关系。可以说景观快题设计构思方案是从平面规划开始的，掌握平面图表现是设计者的基本功之一（图5-3）。

5.2.2　景观快题平面图的表现方法

对于景观快题设计来说，平面图的表示方法是非常重要的（图5-4）。在景观快题设计的各个阶段，平面图的表现方式有所不同。如施工图阶段，平面图绘制较细致准确；草图方案阶段，平面图绘制较自由灵活。

绘制平面图要注意绘制比例，了解所画内容的尺寸及表现技法，在空间划分完成后再深入刻画细节，使主体景观到细部表现达到统一。

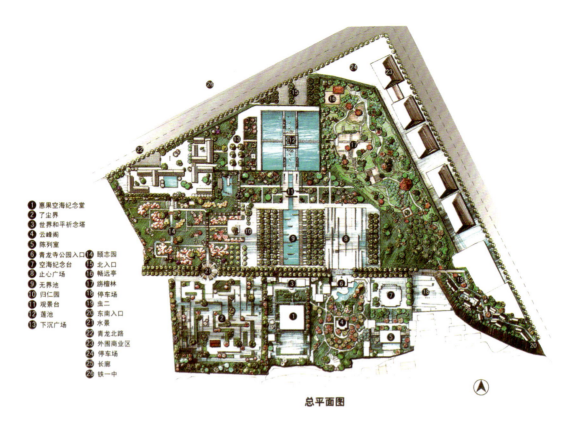

① 惠果空海纪念堂
② 了尘界
③ 世界和平祈念塔
④ 云峰阁
⑤ 陈列室
⑥ 青龙寺公园入口
⑦ 空海纪念台
⑧ 止心广场
⑨ 无界池
⑩ 归仁园
⑪ 观景台
⑫ 莲池
⑬ 下沉广场
⑭ 颐志园
⑮ 北入口
⑯ 畅远亭
⑰ 旗檀林
⑱ 停车场
⑲ 虫二
⑳ 东南入口
㉑ 水景
㉒ 青龙北路
㉓ 外围商业区
㉔ 停车场
㉕ 长廊
㉖ 铁一中

总平面图

图5-3 景观设计平面图

图5-4 景观设计平面图一（张佩）

特别是在平面规划性质很强的环境快题景观设计中，平面图的表现方法尤为重要，下面主要介绍马克笔平面图的表现。

马克笔平面图的表现方法总的原则是：整体效果主次分明，清晰醒目，比例尺度合理，色彩协调统一，有一定的立体感和质感，以线条为主，色彩为辅。

马克笔平面图表现包括两种类型：一是设计草图类型的平面图表现。此类型平面图表现以探讨设计构思为主，线条随意一些，上色以平涂为主，不以表现为主，强调的是构思立意及设计合理性等因素，具有灵活多变、生动自然等特点。二是标准类型平面图表现。此类型平面图表现以规范性的制图原则来绘制，线条要求严谨、规范，尺度、比例要求合理、准确，上色要均匀并与规整的制图相吻合，整幅图面效果要整洁、严谨、规范。

另外，上色时可以运用马克笔的笔触特点来强调色彩与线条之间的关系，使规整的图面效果生动一些（图5-5至图5-7）。

图5-5　景观设计平面图二（张佩）

图5-6　景观设计平面图三（张佩）

图5-7　景观快题设计平面图

5.3　景观设计立面图

5.3.1　景观立面图的定义

平面图中很多立面的效果没办法表现，那么立面图和剖面图就能弥补平面上的不足之处。

景观设计立面图表现方法与平面图一样重要。立面图是指一组物体的垂直水平面的最外层图像，以平行于房屋外墙面的投影面，用正投影的原理绘制出的房屋投影图。

立面图主要反映房屋的体型和外貌、门窗的形式和位置、墙体的材料和装修做法等，是施工的主要依据。它所反映出的高低错落是空间范围内横向和纵向景观各部分之间的尺度、比例关系（图5-8）。

图5-8　景观设计立面图

5.3.2 景观快题立面图的表现方法

在景观设计中，竖向空间的表达至关重要，其主要通过剖面图和立面图来表达。立面图是由建筑物的正面或侧面的投影所得的视图。例如，在表现景观树木的立面图时，应根据树木的高度和冠幅确定树木的高宽比，根据树形特征确定树木的大体轮廓，根据受光情况用合适的线条表现树木的质感和体积感，并用不同的表现手法表现出近景、中景和远景的树木。

立面图的景物是真实景物的平面和立面效果，因此表现时不仅要反映出景物的真实立面效果，还要表现出景物的立体感和空间感（图5-9）。

图5-9 景观快题设计平面图与立面图（高广亚）

5.4 景观设计剖面图

5.4.1 景观剖面图的定义

剖面图是一组物体被从垂直于水平方向切开的里面图像。建筑剖面图主要用来表达房屋内部垂直方向的高度、楼屋情况及简要的结构形式和构造方式。它与建筑平面图、立面图相配合，是建筑施工中不可缺少的重要图样之一（图5-10）。

5.4.2 景观快题剖面图的表现方法

剖面图是指用假设平行于建筑的正面或侧面的铅垂面，将建筑物剖切开所得的剖切断面的正投影（图5-11）。对于剖面图的表现有以下步骤：首先，必须了解被剖物体的结构，哪些是被剖到的，哪些是看到的，即必须确定剖线及看线；其次，想要更好地表达设计成果，就必须选好视线的方向，以便全面细致地展现景观空间；最后，要注重对层次感的营造，通常通过明暗对比来强调层次感，从而营造出远近不同的感觉。

图5-10　景观剖面图

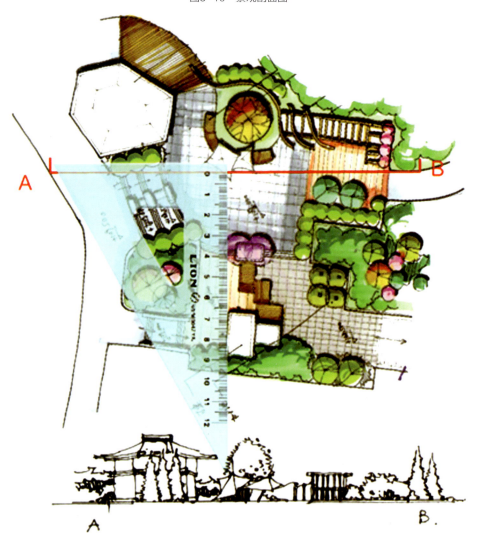

图5-11　剖面图的画法（一）

如果剖面线不是水平的，可以将拷贝纸边缘放在剖面线上并标出水平位置，这样速度会更快。在绘制剖立面图时，有时平面的比例尺为1：1000，比立面的比例尺为1：500时更大，那就需要采用相似三角形的画法。

快速放大剖面图的方法：若$h_1 = 1 \times h_2$，放大两倍，若$h_1 = 2 \times h_2$，放大三倍，若$h_1 = 3 \times h_2$，放大四倍，以此类推（图5-12）。

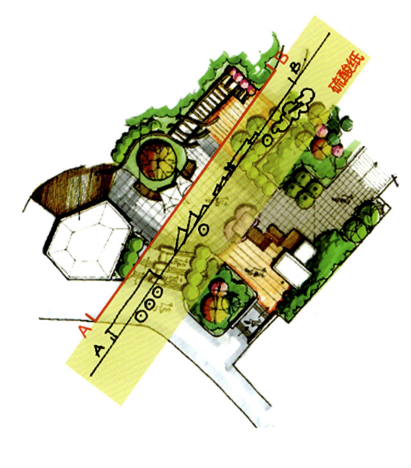

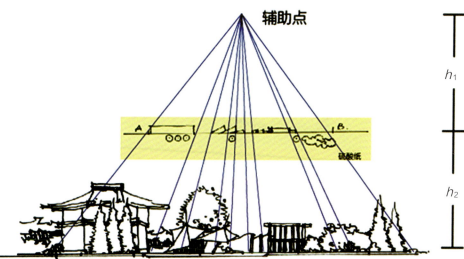

图5-12　剖面图的画法（二）

　　使用马克笔画立面图时要考虑各个节点景观物（包括植物）的立体效果和真实效果。立面图表现不同于空间图表现，它要求景物之间层次分明，前后左右关系协调，而且要有一定的空间进深感（图5-13）。

图5-13　景观剖面示意图

5.5　景观快题设计表现图

　　一套完整的景观设计表现图中，包含总平面图、立面图、剖面图、透视图或轴测图、设计说明、分析图、节点详图等，如图5-14至图5-23所示。其中，景观中的平面图、立面图、剖面图能够清晰地表现整个环境景观的空间布局、组织结构、景物构成等诸多设计要素间的关系，还能清晰地表现出空间范围内横向和纵向景观各部分之间的尺度、比例关系。

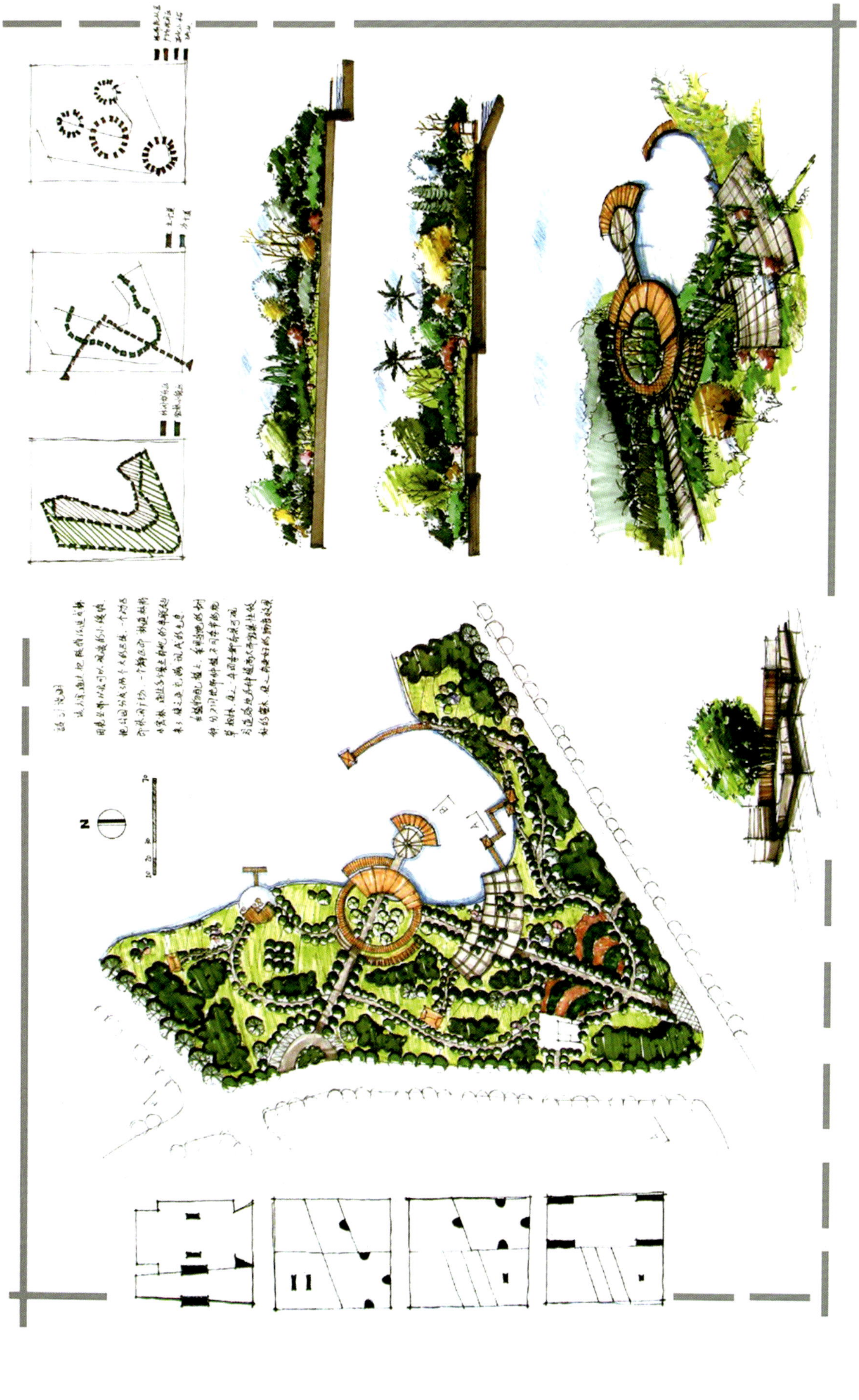

图5-14 景观快题设计表现图一

图5-15 景观快题设计表现图二

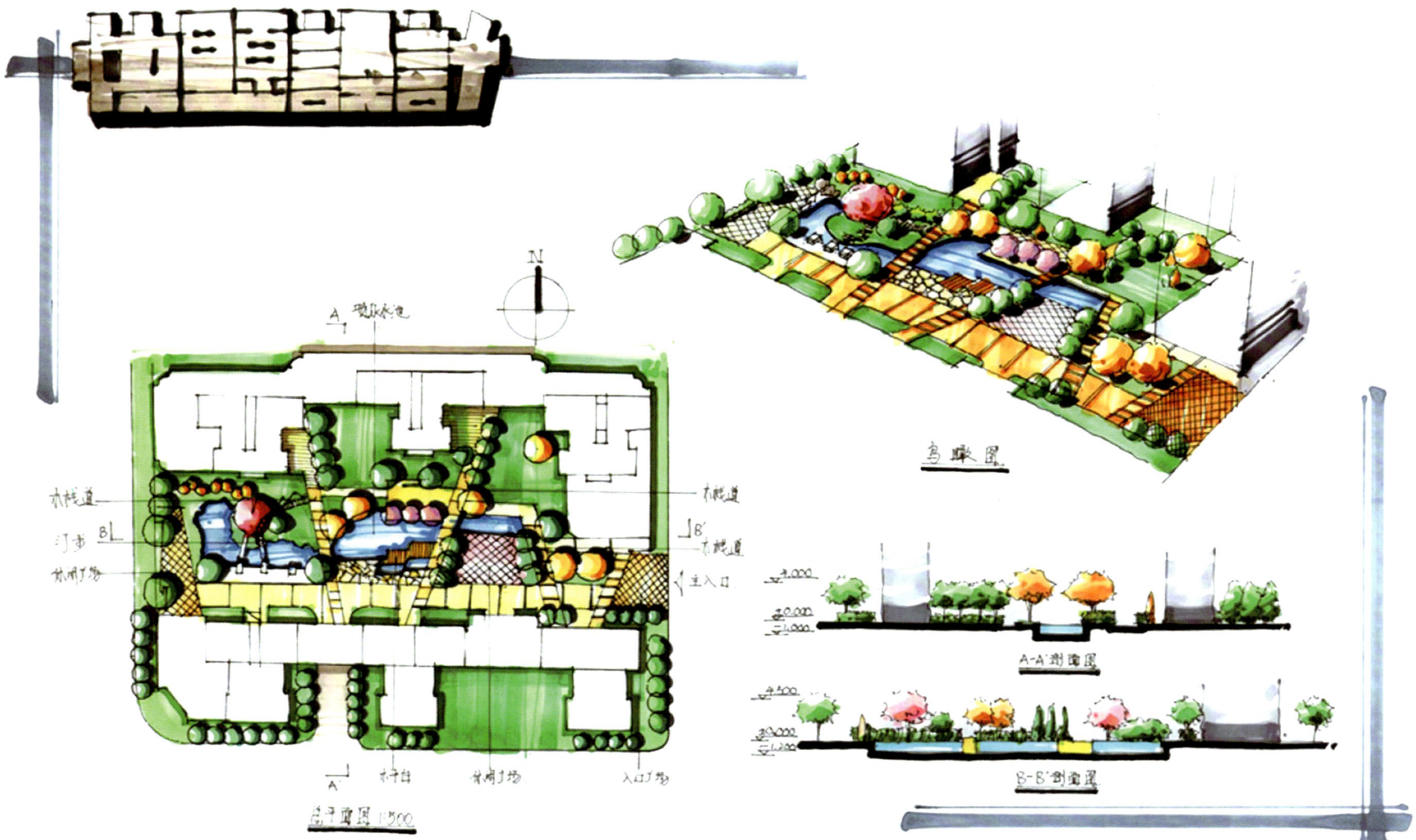

鸟瞰图

A-A'剖面图

B-B'剖面图

总平面图 1:900

图5-16 景观快题设计表现图三

097

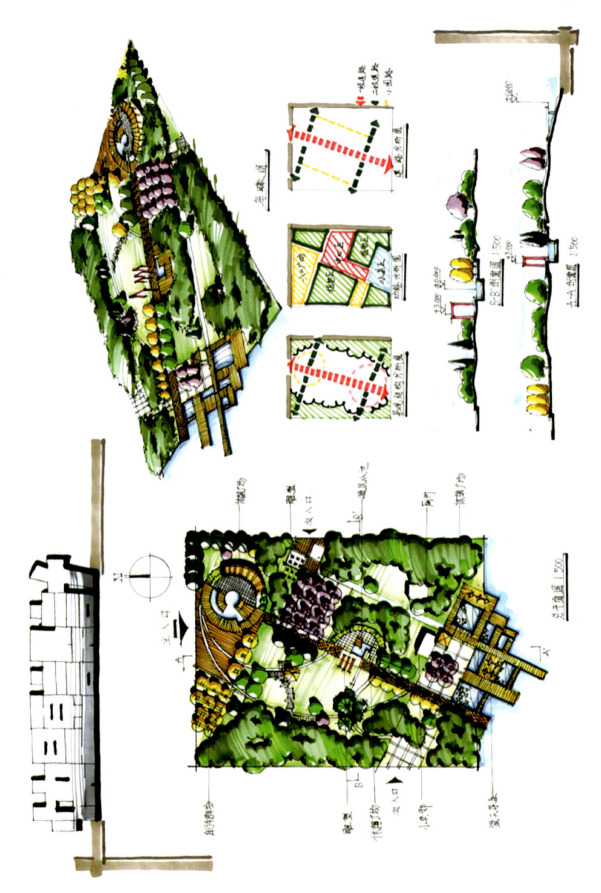

图5-17 景观快题设计表现图四

图5-18 景观快题设计表现图五

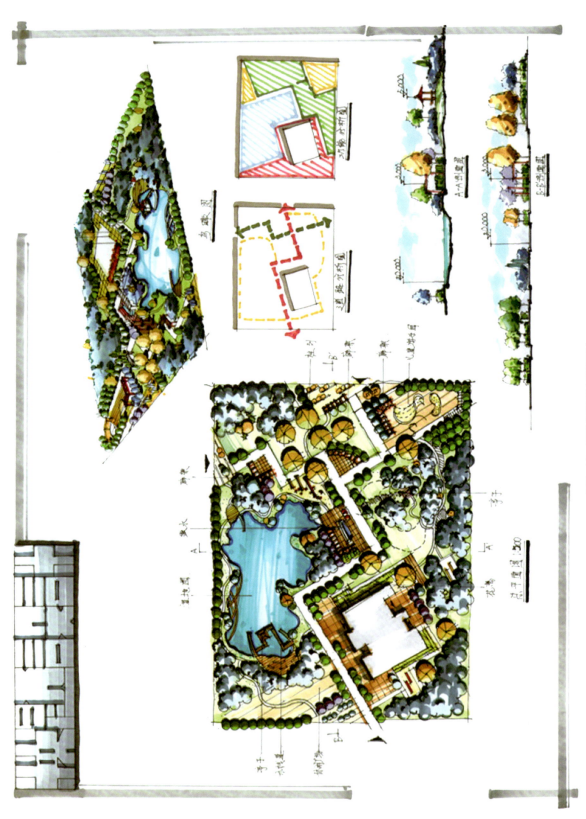

图5-19 景观快题设计表现图六

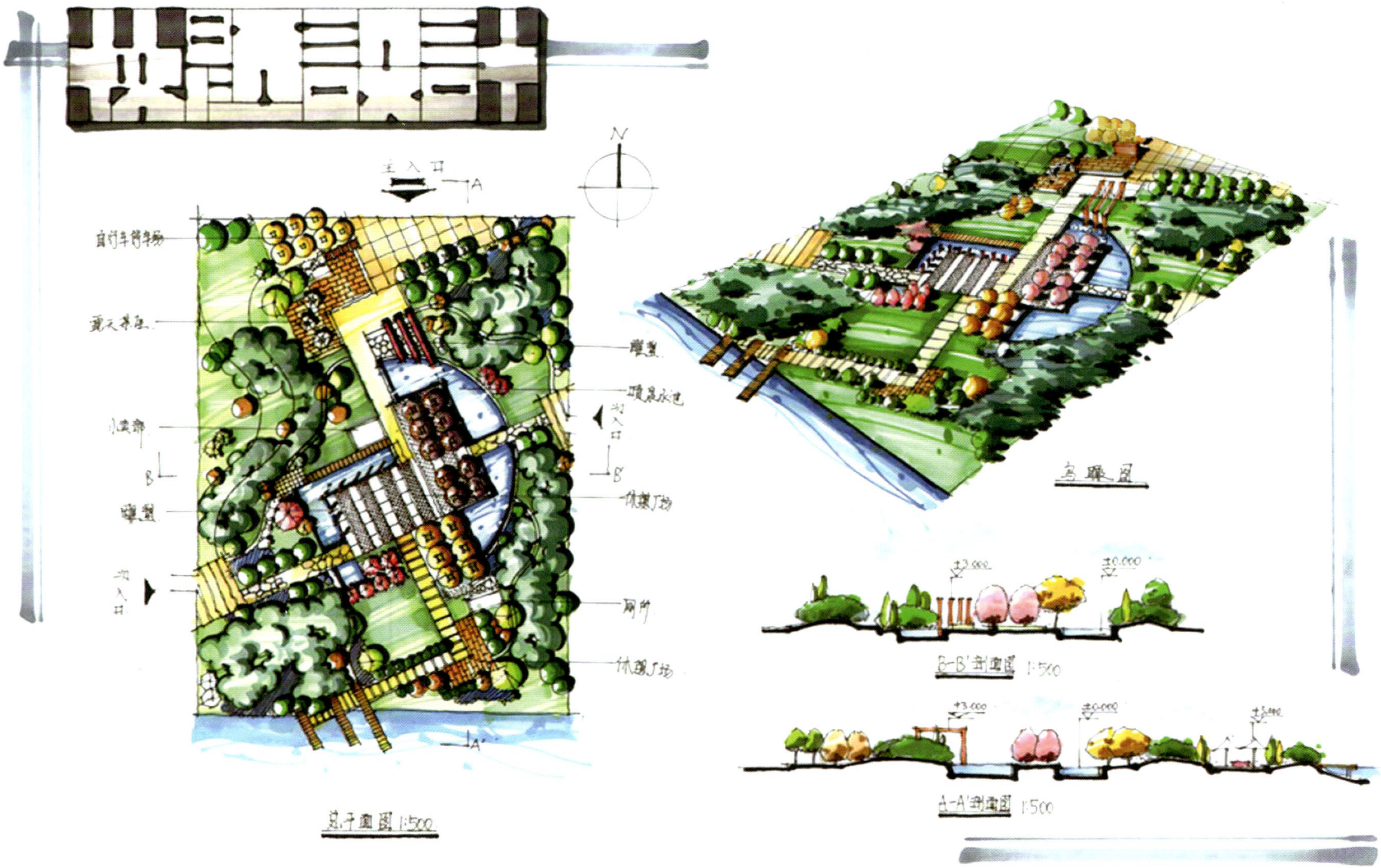

图5-20 景观快题设计表现图七

景观设计

总平面图 1:500

主入口——A

喷泉广场

喷泉庆池

B入口

休憩广场

网架

休憩广场

观赏草坪

观天水池

小溪流

凉亭

C-C'剖立面图 1:500

A-A剖面图 1:500

鸟瞰图

图5-21 景观快题设计表现图八

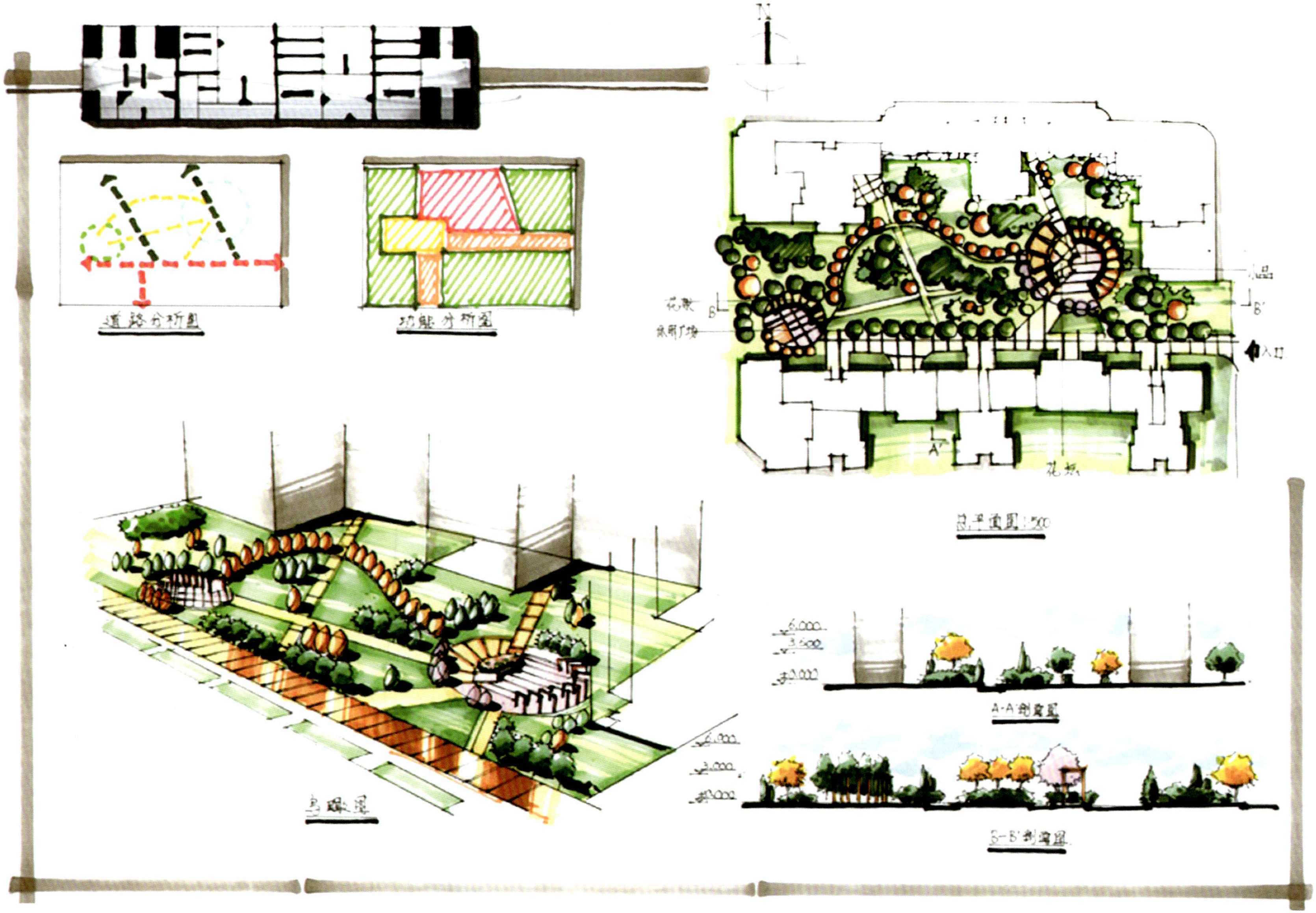

图5-22 景观快题设计表现图九

图5-23　景观快题设计表现图十

第6章

景观整体方案设计

本章导读

　　景观设计是一种自觉的、有计划的艺术创造实践活动。自然美学与生态美学原则是景观规划与设计的最高美学准则。景观寄托了人类的理想和追求，具有整体的有机性和复杂性，包含着人与人、人与自然之间，结构与功能、格局与过程之间的复杂关系。景观不只是广场上的雕塑和纪念物之类的东西，景观是自然及人类社会在大地上的"烙印"，是关于人类历史和自然系统的"书"。景观设计水平的不断进步，不仅提高了人们的生活质量，满足了人们对精神生活的追求，同时，随着设计理念和技术水平的不断提升，也加快了城市现代化、生态化、人性化的发展速度，这与人们所倡导的绿色低碳生活、文明和谐社会是相一致的。

　　通过本章的学习，培养各种区域景观的综合设计表现能力，提升审美品位与设计内涵。

教学目标

　　1. 知识目标：系统地掌握景观手绘表现技法。
　　2. 技能目标：培养各种区域景观的综合设计能力。

6.1　广场景观设计

　　广场不仅是城市中不可缺少的有机组成部分，它还是一个城市、一个区域具有标志性的主要公共空间载体。广场周围一般布置一定的绿化设计建筑和设施，它能表现城市艺术面貌和特色。

　　广场景观是指可以提供人们散步休息、接触交往和娱乐等的公共活动场所（图6-1和图6-2）。

　　广场景观设计的要点具体如下：

　　（1）充分发挥乡土植物生命力强的作用，创造人工植物群落的群体效益、季相色彩效益。植物造景设计应遵循生态学和美学理念，以生态、生物多样性为特色，注重功能需求和人与自然的融合。

　　（2）广场内除主轴道路外，更多的是曲径小道及林间小路。它们作为散步路，是目前广场绿地内使用频率最高的场地，可以积极创造交往空间，增进广场游人间的交流，使物质环境融入更多的人文情趣。沿主轴线，主要采用植物来丰富人们的视觉感官，同时配以雕塑小品，通过铺装与广场建筑小品的对比来构筑石、水、光、风的空间。

（3）广场内的公用设施如亭廊、坐凳、标志牌、垃圾箱以及各式园灯等，均以人性化设计为本，兼顾功能与美观，体现出绿色生态的现代化要求，把人们的保健游赏需求和创造生态景观结合起来，取得可持续发展的综合效益。

图6-1　广场景观设计一（高广亚）

图6-2　广场景观设计二（高广亚）

6.2 道路景观设计

　　道路的最基本功能就是保障交通畅通，而景观内道路的功能不仅仅是保障景观园区内交通畅通，更要与整体景观风格相结合，带领游人到达景观园区内各个景点，同时具有组织空间秩序、展示价值景观和给游人提供散步、运动等活动场所的功能。现代景观道路的设计不应仅停留在满足上述基本功能，更应该从视觉角度注意视觉导向（图6-3和图6-4）。

图6-3　道路景观设计一（高广亚）

图6-4　道路景观设计二（闫谨）

道路景观设计的要点具体如下：

（1）根据道路规划和现状条件，结合区域用地性质，统筹兼顾，合理安排，逐步完善，从实际出发，提高城市发展中的可持续性。

（2）合理利用地形条件，在满足工程技术标准的前提下，尽可能减少填土挖方量。

（3）合理利用当地建筑材料，降低工程造价。

6.3　校园景观设计

校园景观设计的功能不仅是为教学活动提供物质环境，同时也要以营造文化氛围为指导思想，创造适合在校人员学习、游戏和进行体育锻炼的空间（图6-5和图6-6）。只有当校园景观设计具备激发好奇心、促进随意交流谈话的特质，才能最大限度地激发人们与学生、教师、艺术作品、书本等进行交流，它所营造的校园氛围才具有真正最广泛意义上的教育内涵。

校园景观设计的要点具体如下：

（1）注重"以人为本"，强调环境的整体和谐，使景观的观赏性与功能性相互统一（图6-7和图6-8）。主体建筑周围的绿化应突出安静、清洁的特点，形成具有良好环境的教学区，其布局形式应与建筑相协调，为方便师生通行，多采取规则式布置。在建筑物的四周，考虑到室内通风、采光的需要，靠近建筑物的地方可栽植低矮灌木或宿根花卉，离建筑物8米以外可栽植乔木，在建筑物的背阴面选用耐阴植物。

（2）校园内的休闲绿地设计在满足基本功能的前提下，宜简不宜繁，宜朴素大方、色彩明快、构思巧妙，从造价上来说也比较经济。

（3）应考虑服务对象的要求，校园环境以清新自然、幽静典雅、尺度宜人为佳，运用现代的设计"语言"和材料表现主题。

图6-5　河南大学校园景观设计一（高广亚）

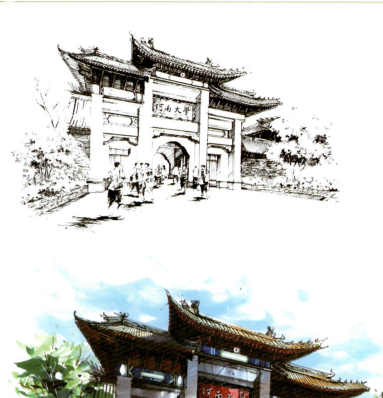

图6-6　河南大学校园景观设计二（高广亚）

图6-7　河南大学校园景观设计三（高广亚）

图6-8　河南大学校园景观设计四（高广亚）

　　清晰完整的校园景观结构能够增强校园空间的识别性，其中分清景观主次层级关系、强化步行系统与景观的联系、塑造具有物质及文化特色的景观节点等设计方法的应用，有助于归属感的形成，在保持校园特有的场所精神方面也起到了很大的促进作用（图6-9）。

图6-9　北京大学校园景观设计（高广亚）

6.4 旅游景区景观设计

　　旅游景区开发的目标包括社会、经济与环境目标。文化吸引物的开发、旅游景区的设计要体现景区的真实性，给游客丰富的体验，而且不会损害其文化价值（图6-10和图6-11）。

图6-10　布达拉宫景观设计（高广亚）

图6-11　故宫景观设计（高广亚）

以自然资源为主的吸引物开发要设计眺望点、临时通道、小路，要保护野生动物及植物种群。在有古树、特色植物、自然景观的地区造建筑时要尽可能保护这些自然资源，为游客提供最大的享受（图6-12）。

图6-12　圆明园景观设计（高广亚）

旅游景区景观设计要点：

（1）旅游设施应该满足游客安全性、私密性和欣赏风景的要求。在旅游景观设计时大到观景点、餐厅、购物场所的空间布局，小到台阶的高度都必须坚持"以人为本"的理念。

（2）旅游景观的设计应尊重景区特色鲜明的传统和历史，确定核心文化，注意每个景观要素的有机协调并通过旅游设施的设计传递给游客，同时应注意文化内涵的最佳表现和参与性动态旅游景观的设计，使游客对景区文化的精髓感同身受。

（3）旅游景观的设计应考虑游客的行为习惯和使用的方便性、舒适性。

度假景区景观设计表现如图6-13至图6-19所示。

图6-13　度假景区景观设计一（高广亚）

图6-14　度假景区景观设计二（高广亚）

图6-15　度假景区景观设计三（高广亚）

图6-16　度假景区景观设计四（高广亚）

图6-17 度假景区景观设计五（高广亚）

图6-18 度假景区景观设计六（高广亚）

HAND DRAWING

图6-19　度假景区景观设计七（高广亚）

6.5　社区景观设计

　　居住区景观的设计逐渐进入稳步的发展阶段。设计师开始着眼于住宅园林景观设计的丰富性、和谐性，加强人性化设计，努力营造舒适、优美、内涵丰富的住宅环境（图6-20和图6-21）。

图6-20　社区景观设计一（高广亚）

图6-21　社区景观设计二（魏丽）

社区景观设计的要点具体如下：

（1）人们的行为活动是伴随着时间的变化而转变的，不同的时间段，有着不同的活动内容。社区广场不管是进门大广场还是楼间小广场的设计，都要充分考虑老年人、婴幼儿及照顾孩子的年轻人的需求，应最大限度地满足他们的需要。

（2）社区景观的设计在追求整体性的同时，应体现出适当的层次感和变化性。就层次感而言，有地面环境，有垂直环境，还可以有空中环境等不同层次。就社区景观设计变化性而言，有形式、色彩、尺度、质地、动静等方面的变化。

（3）在景观设计中应认真考虑交通路线的组织，使人们能最大限度和相对公平地参与到环境中来，不要使景观仅成为某一部分人的景观。

住宅的园林景观设计要突出文化特色、文化品位，可以使传统文化与现代生活相互融合，外来文化和本土文化相互交融，营造一种多元文化的共存氛围。全面了解居民的运动休闲、交流需求，满足不同文化层次、不同年龄阶段居民的要求，立足于生态，体现自然，从而使居民接触到更多的绿色，观赏到更丰富的景观（图6-22至图6-29）。

图6-22　社区景观设计三（高广亚）

图6-23　社区景观设计四（魏丽）

图6-24　社区景观设计五（高广亚）

图6-25 社区景观设计六（高广亚）

图6-26 社区景观设计七（高广亚）

图6-27　社区景观设计八（魏丽）

图6-28 社区景观设计九（高广亚）

图6-29 社区景观设计十（魏丽）

后记

　　"景观快题设计与表现"课程是很多高校环境设计专业必修的核心课程，同时也是城市规划专业和风景园林专业的重要课程。

　　本书编写时力求做到理论体系完整、科学和案例实用，通过快题的分类、步骤、技能等多方面的结合，强化学生的快题动手能力及综合创作能力。在理论方面，本书把环境景观、美学、建筑、艺术结合起来阐述，通过相关案例介绍环境景观快题设计的步骤和方法，增加了旅游景点环境和特殊地理环境景观快题设计的介绍，并设置了相关训练。

高广亚

　　在实际案例中，本书就景观项目背景及设计任务书相关内容对景观项目进行了完整的快题图纸表达，其内容包括总平面图、道路分析图、功能分析图、立面图、剖面图、景观示意图、鸟瞰图等。

　　本书由魏丽老师负责统稿。在编写过程中得到了高广亚老师的指导和帮助，其提供了大量的手绘资料，在此表示衷心的感谢！同时感谢吴丹老师和李帅帅老师的大力支持。另外，还要感谢易晓芬、程晓薇等老师在书籍图片的整理收集中付出的辛勤劳动。教材中部分素材引用自互联网，请原作者及时与我们联系。

　　由于时间仓促，编者能力有限，书中难免有不足之处，恳请广大读者批评指正。

编　者

参考文献

[1] 韦爽真. 园林景观快题设计[M]. 北京：中国建筑工业出版社，2008.

[2] 杨鑫，刘媛. 风景园林快题设计[M]. 北京：化学工业出版社，2012.

[3] 江滨. 环境艺术设计快题与表现[M]. 北京：中国建筑工业出版社，2005.

[4] 谢尘. 疯狂手绘：环境艺术快题表现[M]. 沈阳：辽宁科学技术出版社，2011.

[5] 张迎霞，林东栋. 景观快题方案——设计方法与评析[M]. 沈阳：辽宁科学技术出版社，2011.

[6] 施徐华，杨凯，王鸿燕. 手绘景观设计快速表现创作[M]. 武汉：华中科技大学出版社，2012.

[7] 刘志成. 风景园林快速设计与表现[M]. 北京：中国林业出版社，2012.

[8] 夏鹏. 城市规划快速设计与表达[M]. 北京：中国电力出版社，2006.

[9] 刘谯，韩巍. 景观快题设计方法与表现[M]. 北京：机械工业出版社，2009.

[10] 耿庆雷. 建筑钢笔速写技法[M]. 上海：东华大学出版社，2012.

[11] 蔡鸿. 手绘表现与考研快题高分攻略景观快题设计[M]. 南京：江苏科学技术出版社，2014.

[12] 宋威. 景观设计快题表现[M]. 北京：中国青年出版社，2015.

[13] 任全伟. 园林景观快题手绘技法[M]. 北京：化学工业出版社，2015.

[14] 钱健，宋雷. 建筑外环境设计[M]. 上海：同济大学出版社，2001.

[15] 郭淑芬，田霞. 小区绿化与景观设计[M]. 北京：清华大学出版社，2006.

[16] 张吉祥. 园林植物种植设计[M]. 北京：中国建筑工业出版社，2001.

[17] 鲍诗度，王淮梁，于妍，等. 铺装景观细部分析[M]. 北京：中国建筑工业出版社，2006.

[18] 许浩. 城市景观规划设计理论与技法[M]. 北京：中国建筑工业出版社，2006.

[19] [美]西蒙兹. 大地景观环境规划设计手册（景观设计丛书）[M]. 程里尧，译. 北京：中国水利水电出版社，知识产权出版社，2008.

[20] [英]西蒙•贝尔. 景观的视觉设计要素[M]. 王文彤，译. 北京：中国建筑工业出版社，2004.

[21] [美]丹尼斯. 景观设计师便携手册[M]. 刘玉杰，译. 北京：中国建筑工业出版社，2002.

[22] 卢圣，候梅芳. 植物造景[M]. 北京：气象出版社，2004.

[23] 林焰. 滨水园林景观设计[M]. 北京：机械工业出版社，2010.

[24] 王江萍，姚时章. 城市居住外环境设计[M]. 重庆：重庆大学出版社，2001

[25] 孙虎鸣. 景观设计手绘效果图表现[M]. 北京：中国建材工业出版社，2013

[26] 蔡文明，杨宇. 环境景观快题设计[M]. 南京：南京大学出版社，2013